喜欢就表白不爱就拉黑

Liek to express
Don't love out

马一帅 著

台海出版社

图书在版编目(CIP)数据

喜欢就表白,不爱就拉黑 / 马一帅著. —北京:台海出版社,
2016.8

ISBN 978-7-5168-1144-3

Ⅰ.①喜… Ⅱ.①马… Ⅲ.①人生哲学–通俗读物
Ⅳ.①B821–49

中国版本图书馆 CIP 数据核字(2016)第 199841 号

喜欢就表白,不爱就拉黑

著　　者:马一帅

责任编辑:刘文卉

装帧设计:芒　果　　　　　　版式设计:通联图文

责任校对:吕彩云　　　　　　责任印制:蔡　旭

出版发行:台海出版社

地　址:北京市朝阳区劲松南路 1 号　　邮政编码:100021

电　话:010-64041652(发行,邮购)

传　真:010-84045799(总编室)

网　址:www.taimeng.org.cn/thcbs/default.htm

E-mail:thcbs@126.com

经　销:全国各地新华书店

印　刷:北京高岭印刷有限公司

本书如有破损、缺页、装订错误,请与本社联系调换

开　本:880mm×1230 mm　　　　1/32

字　数:180 千字　　　　　　印　张:10

版　次:2016 年 10 月第 1 版　　印　次:2016 年 10 月第 1 次印刷

书　号:ISBN 978-7-5168-1144-3

定　价:36.00 元

前　言

1

网上一组漫画异常火爆，就是一个很简单的表达：

"想念谁——call"，"想见面——约"，"喜欢什么——买"，"讨厌什么——说"。

……

最后总结出来，别总是腻腻歪歪，人生没有那么复杂。

当然，你会不屑，人生哪有那么极端？

但是，人生可以有这么利索，这么简单，只要你愿意。

其实,大部分时间，你和其他人一样，都是把空余时间留着折磨自己。

2

折磨自己，是现代人的普遍感受，这很大程度上是因为追求完美。可是也许你已经发现，不管自己是多么的努力，行为是多么的自律，自我反省是多么的深刻，都永远达不到所有人的要求。

世界是这么大，社会是这么复杂，人的思想观点是这么的不同，要企求人人一致地赞同一件事，是难乎其难，甚至是不可能的。

每个人都会有个人的感觉，都会自己看世界。所以，不要试图让所有的人都对你满意，否则你将永远也得不到快乐。

如果你希望别人对你有信心，你就必须用令人信赖的方式表现自己。没游过泳的人站在水边，没跳过伞的人站在机舱门口，都是越想越害怕，人处于不利境地时也是这样。治疗恐惧的办法就是行动，毫不犹豫地去做。再有思想的人，也要有积极的行动——比如，喜欢，就表白，不爱，就拉黑。

对，就这么简单。

3

你还在害怕什么？你还在犹豫什么？

"如果……""假如……"你会这样想，这样去猜测，这样去预支一切对未来的恐惧。

对不起，人生不可假设。在我们的生命里，不存在"如果"这个问题，只有结果和后果，将"如果"改成"现在"，这才是最坚定的，也是最为明智的。

机会只有一次，生命没有如果，错过了就是错过了，人生不会给任何人开小灶。

很多时候，我们的人生都被一个"等"字荒废了：等将来，等不忙，等下次，等有时间，等有条件……等来等去，只等来一头白发。谁也无法预知未来，及时行动才是王道，否则，很多事情可能会一等就等成了永远。

所以，不要再问成功的人那么多，为什么没有你了。

……

本书送给在生活中犹豫纠结的你，愿你放下所有的"如果"。愿年长的人从中看到盛放，年轻的人从中看到未来，失望的人从中看到希望，快乐的人更加快乐。

目 录

　　人生就是一个不断经历与成长的过程，短暂的迷失
不可避免，善于从失误中发现进步机会才弥足珍贵。比
起那些纠结在苦闷生活中的人，迷茫之后找对方向才是
生活的意义所在。因此，在成长中具备自我修复的能力，
不为过去的事纠结，才能给自己一个交代。

　　古希腊诗人荷马曾经说过："过去的事已经过去，
过去的事无法挽回。"纵然昨天的阳光再温暖，也温暖不
了现在的心，逝去的曾经已不可更改，未知的明天还没

有到来，我们能够把握的只有现在。既然如此，为什么还要把宝贵的生命浪费在犹豫中，甚至对过去的懊恼不已中呢？

第三章　喜欢就表白，或者给他表白的机会 …………… 62

很少有人的爱情是等来的。倒是很多女孩都在春去秋来的等待中慢慢消逝了容颜。人类的生命是很短暂的，稍不小心，一生就这么过去了。女孩如花的青春也是非常短暂的，没有谁真的能像"那棵开花的树"一样等上几百年。

　　　幸福的人生，就是要保持本色生活，尊重自己。有
缺点不要紧，但别刻意为了改变而改变。当然，要活出
一份真实，就要从内心深处重视自己，清晰地看清楚自
己的价值，珍爱与众不同的自己。

　　　人生好比一座座山峰，在攀登的过程中，有悬崖也
有峭壁，这时就需要我们有勇气去攀登。拥有勇气，你
就向成功迈进了一大步。其实，所谓的成功者，与其他
人的唯一区别就在于，别人不愿意去做的事，他们去做
了，而且全身心地去做。

第八章 哪怕输掉了所有，也不要输掉微笑 ·············· 215

　　漫漫人生路，不是因为不够认真，只是自己太过于天真，你可能会在一条路上跌倒两次，你可能会为一个人心碎两次……但是，你可以输掉所有，却不能输掉微笑！

第九章 人生没有如果，只有结果和后果 ·············· 245

　　人生不可假设。在我们的生命里，不存在"如果"这个问题，只有结果和后果，将"如果"改成"现在"，这才是最坚定的，也是最为明智的。机会只有一次，生命没有如果，错过了就是错过了，人生不会给任何人开小灶。

善待自己，在困苦、艰辛的生活中多给自己一点鼓励、多给自己一点安慰、多给自己一些爱。有一句话说得好："再苦再累，也不要忘记爱自己。"人生也许会抛给我们无数艰辛与坎坷，如果我们自己还要为此为难自己，那么我们要如何去创造快乐的人生呢？

第一章

我们都还年轻，
别觉得自己过不好这一生

　　人生就是一个不断经历与成长的过程，短暂的迷失不可避免，善于从失误中发现进步机会才弥足珍贵。比起那些纠结在苦闷生活中的人，迷茫之后找对方向才是生活的意义所在。因此，在成长中具备自我修复的能力，不为过去的事纠结，才能给自己一个交代。

1.重要的不是拥有什么，而是忍受了什么

人生旅途中，总会遇到某些不得已的情况，也会感受到随时而来的重压。于是，我们开始怀疑最初的梦想，甚至容易迷失了方向。应该说，不确定性正是"青春"的底色，正是有了失去的缺憾、未曾拥有的不完美，以及对未来的迷茫，才构成了鲜活的人生。

一位智者说过，"重要的并非是你拥有了什么，而在于你忍受了什么。"能够从挫折中忍受失意，并逆势而上的人才有未来；对过去妥善处置的人，会以积极的心态面对明天，因此都值得学习。

1920年，美国田纳西州的一个小镇上有个小女孩出生了，她是一个私生子，妈妈只给她取了个小名，叫小芳。小芳渐渐长大之后，慢慢懂事了，发现自己与其他孩子不一样：没有爸爸。

很多人都对她投来歧视的目光，小伙伴们都不愿意跟她玩。对于这些，她不知道为什么，她感到很迷茫。她虽然是无辜的，但世俗却是很严酷的。每个人都很清楚，在人的一生中，可以有很多选择，但是任何人都不能选择自己的父母。

而小芳连自己的父亲是谁都不知道，只跟妈妈一起生活。

上学后，老师和同学还是以那种冰冷、鄙夷的眼光看她，

认为她是一个没有父亲的孩子，一个没有教养的孩子，一个不好的家庭的孽种。在别人的心理暗示下，她变得越来越懦弱，自我封闭，逃避现实，不愿意与人接触，变得越来越孤独……

在小芳幼小的心灵中，最害怕的事情就是跟妈妈一起到镇上的集市去——她总能感到有人在背后指指点点，窃窃私语："就是她，那个没有父亲、没有教养的孩子！"

13岁那年，镇上来了一位牧师，从此她的一生便改变了……

别的孩子一到礼拜天，便跟着自己的父母，手牵手地走进教堂，她很羡慕，于是就无数次躲在教堂的远处，看着镇上的人兴高采烈地从教堂里出来，而她只能通过聆听教堂庄严神圣的钟声和偷看人们脸上高兴的神情去想象教堂里的神奇……

有一天，她鼓起了勇气，等别人都进入教堂以后，偷偷地溜了进去，躲在后排凝神倾听。

牧师讲："失败的人不要气馁，成功的人也不要骄傲。成功和失败都不是最终结果，只是人生过程的一个事件，一段经历。在我们这个世界上，不会有永恒成功的人，也没有永远失败的人。"

小芳被牧师的话深深地震动了，感到一股暖流在冲击着她冷漠、孤寂的心灵。但是她马上提醒自己："我必须马上离开，趁别人还没有发现的时候，赶快走。"

有了第一次，就有了第二次、第三次、第四次、第五次。在她的心灵深处，这就是自己最喜欢干的事情。

但是每次她都是偷听，几句激动人心的话很难阻止别人的冷眼对她的袭击：因为她懦弱、胆怯、自卑，认为自己没有资格进教堂……

她认为自己跟别人不一样。

量的积累最终引起了质的变化：有一次，她听入迷了，忘记了时间，忘记了自卑和胆怯，直到教堂的钟声清脆地敲响，她才惊醒过来，可是已经来不及抢先"逃"走了。

先离开的人们堵住了她迅速出逃的去路，她只得低头尾随人群，慢慢朝门外移动……突然，一只手搭在她的肩上，她惊惶地顺着这只手臂望上去，此人正是牧师。

牧师温和地问："你是谁家的孩子?"

这是她十多年来最害怕听到的话。这句话就像一支通红的烙铁，直直地戳在小芳幼小的心灵上。

牧师的声音虽然不大，却具有很强的穿透力，人们停止了走动，几百双惊愕的眼睛一齐注视着小芳：教堂里安静得连根针掉在地上都听得见。

小芳被这突如其来的状况惊呆了，她不知所措，眼里噙着快要掉下来的泪水。

这时牧师的脸上立即浮起慈祥的笑容，说："噢——我知道了，我已经知道你是谁家的孩子了——你是上帝的孩子。"

他抚摸着小芳的头，发表了一篇简短的演说：

"这里所有的人和你一样，都是上帝的孩子！过去不等于未来——不论你过去多么不幸，这都不重要。重要的是，你对未来必须充满希望。现在就做出决定，做你想做的人。孩子，人生最重要的不是你从哪里来，而是你要到哪里去。只要你对未来充满希望，你现在就会充满力量。"

"不论你过去怎样，那都已经过去了。只要你调整心态、明确目标，乐观积极地去行动，那么成功就是你的。"

牧师话音一落，教堂里顿时就爆发出热烈的掌声——这些上帝的孩子们没有说一句话，掌声就是理解，就是歉意，就是承认，就是欢迎！

整整13年了，压抑在小芳心灵上的陈年冰封被"博爱"瞬间融化……她终于抑制不住内心的情感，眼泪夺眶而出。

小芳的心态从此发生了巨大的变化：

40岁那年，她当选美国田纳西州州长；届满卸任之后，弃政从商，成为世界500家最大企业之一的公司总裁，成为全球赫赫有名的成功人物。

67岁时，她出版了自己的回忆录《攀越巅峰》，在书的扉页上写下了这样一句话：过去不等于未来！

没错，这世间所发生的一切事情都会过去，一切幸运，亦或是遭遇，无一可逃脱"会过去"这一客观存在的事实。年轻貌美的姑娘，也会老去；家财万贯的富豪，也会死去；受过灾难的家园，也会重建。一切发生了的，都会过去。所以，无论我们遇到什么事，碰到什么样的人，经历了一段怎样的人生，我们都应该平静面对，好的坏的，都是暂时的，我们只有坚强，乐观面对，才会在任何环境中快乐生存。

年轻的辛巴本来是个快乐的富二代，从父辈那里继承很大很富足的家业，一直以来他就像生活在天堂里。但前些日子由雷电引发的那场大火，毁了他的全部，爸爸留给他的那座庄园，瞬间成了灰烬。辛巴欲哭无泪，傻傻地看着这一片废墟，痛苦万分，这一刻，他陷入了绝望。

不知道如何是好的辛巴，第一想法就是找银行贷款修复这座园子，然而，银行根本不可能放贷给这个一无所有的年轻人。辛巴只好去求身边的亲戚朋友，但此时没了金山银山，人情也就跟着消失了，身边的人都不再相信他的家业可以东山再起，都以或多或少的冷漠，拒绝了他的恳求。一切道路都堵死了，辛巴一蹶不振，他觉得自己被上天抛弃了，绝望之中他天天酗酒，昏昏沉沉地入睡，混日子，满脸胡子拉碴地像个流浪汉一样得过且过。

直到辛巴的祖母知道了这件事，她已经年过花甲，一生慈祥、不求名利。看到辛巴这样子堕落着实很急。于是她拄着拐杖找到了辛巴，语重心长地告诉他："亲爱的辛巴，就算在物质上你已经一无所有，也不可以放弃你眼中的希望！孩子，让你的眼神重新明亮起来吧！希望就在前方照耀！"听了祖母的话，辛巴的眼睛顿时亮了起来，他知道自己应该振作起来，重新燃起了对生活的希望！

机遇总是偏爱乐观向上的人，辛巴自此每一天都非常积极地活着，并不断寻找机会。一天，他在大街上闲逛，突然看到街角的一家商店聚集了许多人，原来大家都在排队购买木炭，辛巴灵机一动，眼前一亮，他找到了新的商机——"废物利用"！在接下来的日子里，辛巴用仅有的一点点积蓄雇佣了几名烧炭工，回去后把庄园里所有烧焦的树木都加工成了优质木炭，然后送到集市去卖，瞬间被抢购一空，由此辛巴赚到了他破产后的第一桶金。随后他用这些钱购买了大量树苗和肥料，把自己的庄园又重整了起来，过了几年，这个原本被大火荒废了的庄园又重新郁郁葱葱了。

迷茫是每一个青春躯体在那个阶段必经的历程，好比一个孕育十月的胎儿，无论父母遗传给他怎样的基因，无论母体给予他怎样的营养和温暖，当他将要亲自来感受这个世界，都要经历一番痛苦挣扎。也只有经历了初生的辛苦，他才有了足够的免疫力和抗压力，能够健康和勇敢地面对真实世界的纷繁和复杂。

所以，处在人生十字路口，大可不必不自信，大可不必为未知的"饥寒交迫"担心。与其在犹豫中被负面情绪笼罩，倒不如轻装上阵，清醒地明白自己所处的位置，认真地规划自己的未来，脚踏实地走好当下的每一步。

2.过去或未来,都离现在太远了

人生总有得意与失意,就像晴天或阴天,不过是一种自然的常态。一个人的处世态度、生存智慧如何,往往能从中一窥究竟。面对过去的不幸,没有失意;面对未来的不确定,也无忧虑,这份从容顺应了世道人心的变化,因此弥足珍贵。

过去或未来,都离现实的生活甚远,不如把握好当下,减少不必要的忧虑,多一分轻松自在。须知,"过去"已经成为历史,如果不能放下,就无法过好现在的生活。看看那些纠缠于过去的人,大多没有好心情。而未来的事情尚未发生,何必向他人倾诉自己的不安呢?内心从容的人,永远没有苦痛。

伊丽莎白是丹麦哥本哈根大学的一名学生,有一年暑假,她去华盛顿观光。伊丽莎白到达华盛顿,在魏拉德旅馆登了记,住进了房间。可是,当她准备就寝时,发现钱包不见了。钱包里装有护照和现款。她跑到楼下的旅馆前台,向经理说明了情况。"我们尽一切努力帮助你。"经理说。

第二天早晨,钱包仍然下落不明。伊丽莎白的衣袋里只有不到两元的零钱。现在,她孑然一身,飘泊异邦,怎么办呢?打电报给芝加哥的朋友,告诉她们所发生的事吗?到警察局坐等消息吗?突然间,她说:"不!我不愿做任何无意义的事情！我要参观华盛顿。我可能再不会到这儿来了。我在这个伟大国家的首都里只能呆上宝贵的一天。毕竟，我还有去芝加哥的机票，还有许多时间解决现款和护照问题。如果我现在不去参观华盛顿，我就不会再有这样的机会了。"

"现在应当是愉快的时候。"

"现在的我和失去钱包前的我应是同一个人，而那时我很愉快。"

"我应该愉快地过好今天。"

于是，她步行出发了。她看到了白宫和国会大厦，参观了一些恢宏的博物馆，她爬上了华盛顿纪念碑的顶端。虽然不能到华盛顿郊区以及她计划中的其他地方去，但凡是她到过的地方，她都看得很仔细，心里很兴奋。

回到丹麦后，她回忆起这段美国的旅程，总是很开心。因为她觉得，她没有因为钱包被偷而沮丧，失去一天的美好时光。事实上，在她回国5天后，华盛顿警察局帮她找回了钱包，物归原主。

生活中有许多快乐，也有不少烦恼。与其沮丧地面对不圆满的人生，不如从容应对。尤其是想到过去的不幸，面对未来的担忧，不妨保持一份淡然的心态，努力向生活微笑。从容是一种姿态，懂得从容的人会少一点忧虑，多一点希望；少一点牢骚，多一点勇气；少一点憎恶，多一分热爱。

人生是一个大舞台，没有人永远在台上，也没有人永远在台下,任何人都有上场的机会,也有退场的时刻。因此,按照时序把握好生命中的每一刻,是最明智的选择。比如,当你享受名利的时候,成为众人羡慕的对象,这时候需要扮演好自己的角色,尽自己的责任;而当人生不如意的时候,就要过好凡人的生活,不必为失去什么感叹,从容应对人生际遇的转换。

一位老太太,在乘船通过英吉利海峡时,遭遇了暴风雨的袭击。当时,船上的所有旅客都惊慌失措,对即将发生的不测恐惧至极。而这位老太太依然镇静自若地坐在座位上祷告,她的面容十分安详,没有半点惊恐之色。在风浪归于平静、船只平安脱险之后,身边的朋友非常奇怪地问老太太:"刚才的情况那么危急,您好像一点都不害怕呢?"这时,老太太看看海面,笑着对朋友说:"我有两个女儿,大女儿戴安娜已经离开了人世,先我一步去了天堂;二女儿玛利亚就居住在英国。刚刚狂风暴雨,危险万分,我就在祷告,我对上帝说:上帝呀,如果今天你要接我去天堂,明天我就可以去看我的大女儿戴安娜;如果今天你将我留在了船上,那么明天我就可以去看我的二女儿玛利亚。无论我今天遭遇了什么,明天的太阳依然会照常升起,只是我将要以不同的方式与不同的人一起生活而已。既然如此,我为什么要害怕呢?"

这位老太太,面对变数时的从容自若,令人诚服,更令人感叹。"无论怎样，明天的太阳依然会照常升起"，在变数面前，我们永远无法左右降临的一切，但生活依旧，日子照常在继续、人生照常在继续。此刻，所有哀怨、悲愤、恐慌、不甘等情绪发泄都无济于事，我们唯一能做的，就是从容接受变数，而后在变数中努力寻求新的突破，开拓新的人生。

在变数面前，要面对明天、继续生活，这需要我们保持一颗淡定从容的心，以平和的心态接受变数；需要我们拥有一颗坚毅勇敢的心，以信心与坚强挑战变数。要知道，在人生的旅途中，变数与意外随时都会发生，而这些看似可怕的突变其实并不可怕，它们并不能将生活的美好全部吞噬。真正可怕的，是我们失去生活的信心与前进的力量，如果失去这些，我们将再也不能开拓生活中依然存在的美好未来了。

现在，我们再来想一想那些让你感觉天塌地陷的"今天"所发生的一切：失业了，前途还在，你还可以继续新的拼搏；失恋了，青春还在，你还可以开始新的感情；失去了亲人，回忆还在，你应该将对逝者的爱加倍地给予生者；失去了功名利禄，生活还在，你应该以"留得青山在，不怕没柴烧"的精神继续开拓人生；失去了健康、青春，生命还在，你还可以继续开拓美好并珍藏已收获的美好；即便生命也被定义了期限，那你还有剩余的期限去完成你未完成的心愿，而不是等待遗憾、生长遗憾。

无论在什么情况下，每一天都会按照正常的轨道运行，关键在于，你是否能够将自己的人生再度纳入依旧正常运行的轨道。

3.没人扶的时候,自己要站直

意志是完全属于每个人心灵深处的东西。人生道路选择的正确与否,取决于你是否有坚定地信念,能否掌控自己的情绪和选择。有自控力的人,不会被积久的习惯和物欲诱惑,而是成为它们的主人,决定自己的人生进程。

事实上,一个人最大的敌人不是别人,而是自己。具体来说,我们常常受到内心欲望的困扰,表现为不能控制自己,结果使自己的思想和行为出现种种偏差。比如,对过去念念不忘,对未来忧心忡忡,都是缺乏控制力的表现。因此,在意志上强大起来,懂得掌控自己的内心,才能做最好的自己。

在美国的一座山丘上,有一间完全以自然物质搭建而成的房子,里面的人需要由人工灌注氧气,并只能以传真与外界联络。

住在这间房子里的主人叫辛蒂。1985年,辛蒂在医科大学念书,有一次到山上散步,带回一些蚜虫。她拿起杀虫剂灭蚜虫,自己的肢体却感觉到一阵强烈的痉挛。原以为那只是暂时性的症状,不料自己的后半生就此毁于一旦,杀虫剂内含的化学物质使辛蒂的免疫系统遭到严重破坏。从此,她对香水、洗发水及日常生活接触的化学物质一律过敏,连空气也可能使她支气管发炎。这种"多重化学物质过敏症"是一种慢性病，目前无药可医。

患病头几年，辛蒂睡觉时口水流淌，尿液变成了绿色，汗水与其他排泄物还会刺激背部，形成疤痕。这一灾难给辛蒂带来的痛苦是令人难以想象的。1989年，辛蒂的丈夫吉姆用钢与玻璃为她盖了一个无毒的空间，一个足以逃避所有威胁的"世外桃源"。辛蒂所有吃的、喝的都经过选择与处理，她平时只能喝蒸馏水，食物中不能有任何导致过敏的化学成分。十多年来，辛蒂没有见到一棵花草，听不见悠扬的声音，感觉不到阳光、流水。她躲在无任何饰物的小屋里，饱尝孤独，却连大哭一场都不行，因为她的眼泪跟汗一样，可能成为威胁自己的毒素。

而坚强的辛蒂并没有在痛苦中自暴自弃，她不仅为自己，也为所有化学污染物的牺牲者争取权益。1986年，辛蒂创立了"环境接触研究网"，致力于对此类病变的研究。1994年，她再与另一组织合作，创立了"化学伤害资讯网"，使更多的人们免受威胁。现在，这一"资讯网"已有来自30多个国家的5000多名会员，不仅发行刊物，还得到美国上议院、欧盟及联合国支持。

古往今来，成就非凡事业的人除了有胆略、善于筹划之外，还在于他们有一颗强大的内心，并能持之以恒地行动。当一个人能够掌控自己的意志，并按照预期做事时，他就能

在行动上完成自我构划, 开启成功的旅程。

在美国, 曾经有这样一位年轻人:

他是名大学生, 每逢学校过礼拜或放假, 他都得赶到他父亲开设的工厂去上班。他用打工的工资去偿还父母为他垫付的学费和生活费。在厂里, 他跟其他工人一样, 排队打卡上下班, 月底就凭卡片和车间给他评定的质量分和工件的数量与厂里结算工资。

当他终于熬到了大学毕业, 他想他可以接管父亲的公司了, 可他的父亲不但不让他接管公司, 而且对他在生活上更加苛刻。他想不明白, 他的父亲是一家公司的董事长, 他家并不缺钱花, 并且还经常捐钱给福利院, 可就是舍不得给他一分钱, 连生活费也得定期向父亲索要。而且, 他终于被父亲"逼"出了家门。他恨恨地想, 他肯定不是自己的亲生父亲, 要不然怎么会这样对待他呢?

他想去银行贷款做生意, 可父亲坚决不给他担保, 没有担保人, 他就无法向银行贷到一分钱。于是他只得去给别人打工, 因初出茅庐, 未能适应复杂的人际关系, 没多久他就被人挤出了公司。失业后, 他将打工积累的一点资金用来开了家小店。生意不错, 小店慢慢地变成了小公司, 小公司又变成了大公司。

令他万分痛心的是, 公司最终因为经营管理上的问题而倒闭了。他想到了跳楼, 但他实在不甘心就这样离开人世。他认真地思索了自己的过去，思索自己在打工和经商中为什么失败。他总结了自己的种种教训，咬紧牙关，决心挺起胸膛从头再来。

然而，他的父亲这时出人意料地找到他，张开双臂紧紧地拥抱了他，宣布让他来接管自己的公司。对于父亲的决定他非常不解，他说，我现在一无所有是个失败的人，你为什么还要我接管你的公司呢？他的父亲说，不，孩子，你虽然跟几年前一样，依然没拥有金钱，但你拥有了一段可贵的经历，这段经历对你来说既是一场苦难的磨练，也是经验的积累。如果我前几年就将公司交给你，很难说你会经营管理得好，也可能迟早会失去这家公司而变得一无所有。可是，现在你拥有了这段经历，你会珍惜这家公司，会把它管好，而且还会让它不断发展壮大。

果然，他不负父亲的厚望，经过不懈努力，将这家规模不大的公司发展成了令世界瞩目的大公司。他就是伯克希尔公司总裁，有着"美国股神"称号的沃伦·巴菲特。沃伦·巴菲特现在拥有350多亿美元资产，仅次于比尔·盖茨，是个真正的富翁。

大海是有深度的，然而许多人只看到了海边的波浪，而没有注意到它暗流汹涌的一面。人生何尝不是如此？在生活中像大海那样厚重，学会掌控局面，才能承载更多。如果遇到一点不称心的事就大发脾气，面对名利的诱惑总是跃跃欲试，只能让自己增添无穷的烦恼。每个人都有七情六欲,在强大的意志作用下克制自己的言行,才能正确做事。

意志,如果不考虑人生方向问题,那它就只不过是持之以恒、坚持不懈和不屈不挠的同义语。但是,显而易见,任何事情都有赖于正确的方向和良好的动机。如果一个人追求的方向是感官的快乐,那么,坚强的意志可能是可怕的恶魔,而聪明的才智只不过是它的下贱的奴仆。但是,如果一个人追求的是真善美,那么,坚强的意志就是造福人类的君王,而聪明才智才是人类最高财富的侍臣。

对每个人来说,命运就如同一根被抛入水中的稻草,许多时候往往无法选择。但是,生存的智慧在于,你可以训练自己的意志力,成为身怀绝技、本领高强的弄潮者,有能力乘风破浪,勇立潮头,并在很大程度上自己掌握航向。

因此,所谓的痛苦,不过是你消极选择的结果。对一个意志坚定的人来说,他会转变航向,朝着积极的方向前行,去追寻属于自己的幸福。而面对未来的忧虑,意志坚定的人会制定具体目标,踏踏实实让梦想成真,触摸伟大的愿景。这样看来,世界上本没有忧虑的事情,也没有不可掌控的人生,一切全在自己的努力与意念。

4.你不是上帝，怎能操纵世界?

思虑太多，反而会扰乱了心性。减轻烦恼的重要方法是不去想太多，更不能想当然，增加无谓的纠结。

自古以来，人类就有很多错觉，如果不用理智来精细推测，用宽广的胸怀来包容，往往就会被表面现象所迷惑，甚至连哲学家也不例外。亚里士多德就曾经认为重的物体比轻的物体落地快，后来伽利略的斜塔试验证明他是错的。

于是，我们知道了：事情往往不是你想象的那样。一百个人眼里有一百个哈姆雷特。同样，同一件事情，在不同的人看来，就有不同的结果，因为每个人看待事物时，都会或多或少地戴上有色眼镜，用自己的好恶、经验和标准来进行评判，结果就是往往看到了事情的假象。

两个旅行中的天使到一个富有的家庭借宿。这家人对他们并不友好，并且拒绝让他们在舒适的客人卧室过夜，而是在冰冷的地下室给他们找了一个角落。当他们铺床时，较老的天使发现墙上有一个洞，就顺手把它修补好了。年轻的天使问为什么，老天使答道："有些事并不像它看上去那样。"

第二晚，两人又到了一个非常贫穷的农家借宿。主人夫妇俩对他们非常热情，把仅有的一点点食物拿出来款待客人，然后又让出自己的床铺给两个天使。第二天一早,两个天使发现农夫和他的妻子在哭泣,他们唯一的生活来源——一头奶牛死了。年轻的天使非常愤怒,他质问老天使为什么会这样,第一个家庭什么都有,老天使还帮助他们修补墙洞,第二个家庭尽管如此贫穷还是热情款待客人,而老天使却没有阻止奶牛的死亡。

"有些事并不像它看上去那样。"老天使答道,"当我们在地下室过夜时,我从墙洞看到墙里面堆满了金块。因为主人被贪欲所迷惑,不愿意分享他的财富,所以我把墙洞填上了。昨天晚上,死亡之神来召唤农夫的妻子,我让奶牛代替了她。所以有些事并不像它看上去那样。"

是啊,我们常常被眼前的表象迷惑了双眼,作出错误的判断。比如,过去遭遇的挫折只是成长路上的一种磨砺,是必不可少的一种训练,但是有的人想不通,始终无法从失败中振作起来,乃至丧失了应有的自信。这与年轻天使的判断有什么区别呢?

一天,一个盲人带着他的导盲犬过街时,一辆大卡车失去控制,直冲过来,盲人当场被撞死,他的导盲犬为了守卫主人,也一起惨死在车轮底下。

主人和狗一起到了天堂门前。一个天使拦住他俩,为难地说:"对不起,现在天堂只剩下一个名额,你们两个中必须有一个去地狱。"

主人一听，连忙问："我的狗又不知道什么是天堂，什么是地狱，能不能让我来决定谁去天堂呢？"

天使鄙视地看了这个主人一眼，皱起了眉头，想了想，说："很抱歉，先生，每一个灵魂都是平等的，你们要通过比赛决定由谁上天堂。"

主人失望地问："哦，什么比赛呢？"

天使说："这个比赛很简单，就是赛跑，从这里跑到天堂的大门，谁先到达目的地，谁就可以上天堂。不过，你也别担心，因为你已经死了，所以不再是瞎子，而且灵魂的速度跟肉体无关，越单纯善良的人速度越快。"

主人想了想，同意了。天使让主人和狗准备好，就宣布赛跑开始。他以为主人为了进天堂，会拼命往前奔，谁知道主人一点也不忙，慢吞吞地往前走着。更令天使吃惊的是，那条导盲犬也没有奔跑，它配合着主人的步调在旁边慢慢跟着，一步都不肯离开主人。天使忧然大悟：原来，多年来这条导盲犬已经养成了习惯，永远跟着主人行动，在主人的前方守护着他。可恶的主人，正是利用了这一点，才胸有成竹，稳操胜券，他只要在天堂门口叫他的狗停下就可以了。

天使看着这条忠心耿耿的狗，心里很难过，大声对狗说："你已经为主人献出了生命，现在，你这个主人不再是瞎子，你也不用领着他走路了，你快跑进天堂吧！"

可是，无论是主人还是他的狗，都像是没有听到天使的话一样，仍然慢吞吞地往前走。果然，离终点还有几步的时候，主人发出一声口令，狗听话地坐下了，天使用鄙视的眼神看着主人。这时，主人笑了，他扭过头对天使说："我终于把我的狗送到天堂了，我最担心的就是它根本不想上天堂，只想跟我在一起……所以我才想帮它决定，请你照顾好它。"天使愣住了。主人留恋地看着自己的狗，又说："能够用比赛的方式决定真是太好了，只要我再让它往前走几步，它就可以上天堂了。不过它陪伴了我那么多年，这是我第一次可以用自己的眼睛看着它，所以我忍不住想要慢慢地走，多看它一会儿。如果可以的话，我真希望永远看着它走下去。不过天堂到了，那才是它该去的地方，请你照顾好它。"说完这些话，主人向狗发出了前进的命令，就在狗到达终点的一刹那，主人像一片羽毛似的落向了地狱的方向。他的狗见了，急忙掉转头，追着主人狂奔。

满心懊悔的天使张开翅膀追过去，想要抓住导盲犬，不过那是世界上最纯洁善良的灵魂，速度远比天使快。所以导盲犬又跟主人在一起了，即使是在地狱，导盲犬也永远守护着它的主人。

天使久久地站在那里，喃喃说道："我一开始就错了，这两个灵魂是一体的，他们不能被分开……"

眼见不一定为实，有时候，我们连自己都不能相信。因为眼睛看到的只是最表面的东西，它代表的不一定就是真相。

眼睛看到的、耳朵听到的加上脑子里想出来的东西，不一定就是事情的真相。有很多事情并不是我们想象的那样，世上有太多的假象，我们虽然不能做到事事通透明白，但至少可以做到"凡事多思考，多问几个为什么"，只有这样，我们才能不被假象蒙蔽，造成不必要的误会。

5.下雨了，并不影响彩虹的美丽

在每个人的生活中，或多或少、或大或小都有无奈的人和事，让人纠结不已。错过是无奈，失去是无奈，后悔是无奈，思念是无奈，生死离别也是无奈……这些让人无计可施的现实，挫伤人的积极性，消磨人的意志，扰乱了心神。

比如，那些无奈的痛苦，或许不如伤痛来得直接，但却是深刻的，让人无法忘记。又比如，你不懈奋斗了许久，耗费了大量精力与光阴，却发现一切只是蚍蜉撼树——徒劳无功。这种种无奈让人久久不能释怀，甚至难免令人对自身产生怀疑，更清醒，更深刻地认识到自己的渺小，发现我们并不能左右和驾驭世界上的一切事物。

的确，我们并不能阻止人生中的有些无奈，但我们绝对有能力去无视这些无奈，进而创造属于自己的精彩人生。没有哪个人的生活总是充满鲜花和掌声，也没有哪个事业总是一帆风顺。既然不能左右一切，那就看淡一切，尽人事，听天命，这样才能让生命承受重负的同时，活出自己的精彩。

    美国女孩塔米卡·凯金斯天生听觉受损。在她3岁的时候，父母带她配了一副大而笨重的助听器。但是凯金斯对自己的助听器并不喜欢。上小学以后，她的同学也经常会因为她的助听器而嘲笑她。这让凯金斯更加讨厌佩戴助听器。

    有一天，凯金斯的母亲和耳科医生到学校来找她，当老师把凯金斯叫到教室外面的时候，她感觉到全班的眼睛都在盯着她，甚至有同学"咻咻"地笑，这让凯金斯感到非常难过。

    当天下午，凯金斯和她的姐姐一起走在放学的路上，在路过一片荒野时，凯金斯突然扯下自己的助听器并狠狠地把它扔进了野地里。姐姐生气地质问她为什么要这么做，凯金斯只是耸了耸肩说："天知道。"

    回到家里，当母亲得知这件事后非常气愤，她命令凯金斯去把助听器找回来。凯金斯也为自己的行为感到有些羞愧，回到荒野去寻找被自己扔掉的助听器，但是直到天黑也没有找到。

    晚上，父亲把凯金斯叫到跟前，郑重地对她说："今天，你做了一个重大的选择，你要为你的选择负责，以后你还会面临各种选择，你必须要按照自己的选择生活。"看凯金斯没听明白，父亲接着解释说："你今天扔了助听器，以后就不用戴了。虽然没有了它，但你依然必须要照顾好自己的生活。"凯金斯听完，对父亲点了点头，并暗下决心一定要像正常人一样生活。

丢开助听器后的凯金斯发现自己很擅长唇读。而且，因为没有了刺眼的助听器，凯金斯看起来跟其他人没什么两样，也没有同学再取笑她了。上中学时，凯金斯逐渐爱上了篮球，高中的时候，她打篮球的水平就已经超过了大部分的同龄人，当她在篮球场上奔跑时，她发现自己得到的已经远远超过了自己所希望的。父亲告诉她，这是她自己掌握自己的人生所得到的结果。

凯金斯曾笑着对别人说："当你在比赛中准确地投进3分球时，没有人会介意你的听力是好还是坏。"

后来，凯金斯顺利地进入了征战伦敦奥运会的美国女篮代表队。在赛前接受记者采访时，凯金斯说："我会在伦敦奥运会上把自己最好的水平展现出来，等比赛结束后，我希望能跟像我一样有听力障碍的孩子分享我的经历和感受。"同时，凯金斯表示，自己不会鼓励孩子们扔掉助听器。她想要告诉孩子们的是："每一个人都是独一无二的，只要自己能够把握好自己，美好的事情终将发生。"

上帝关上一扇门，常会开启另一扇门，我们不能因为一时找不到路而失去信心和希望。前进的路有很多条，当你实在无法前进的时候，反过来想一想，为什么不换一条路呢？另一条路的风景也许更迷人。可见，面对无奈的人和事，不必耿耿于怀, 也不必恐惧不明朗的未来。每天坚定地告诉自己: "这些都不算什么, 咬咬牙就能克服掉了, 就能收获生命的精彩!"那么, 一切都会改观。

或许是命运对他的捉弄, 一生下来, 他就注定要成为一个失败者。1934年, 他出生在加拿大魁北克省沙威尼根镇的一个平民之家。当时, 他是家里的第18个孩子。他的父亲是当地一个普通工人, 因而家庭经济状况相当拮据。不仅如此, 他还有先天性的生理缺陷, 左脸偏瘫, 左耳失聪, 讲话和微笑时嘴角歪向一边。因而经常被小伙伴们嘲弄。

因为先天的生理缺陷, 使得他原本快乐的童年时光, 却如同地狱一般昏暗和难熬。可以说, 他从来没有体会到生命中的阳光和美好。他从童年到少年, 一度过着放纵的生活。他经常旷课, 不写作业, 大闹课堂, 还顶撞老师, 因而先后被4所学校开除, 加上他喜欢打架, 所以成了当地有名的"街头打仔"。

在他看来, 自己天生就是一个不受人喜爱的人, 他拼命地报复着这个世界。在这样的情况下, 他的老师, 以及他身边的很多人都断定, 他真的是没救了。唯一例外的是他的母亲, 母亲没有放弃他, 她语重心长地教导说: "孩子, 你应该看得长远些, 如果你再这样下去, 将来你注定永远遭受厄运。每一个成功的人, 都不是那么完美, 其实, 你的路很宽广。"

他从母亲的眼里, 读到了期盼和信任。从那时候起, 他才发现, 并非每一个成功的人, 天生就是那么的完美。他从很多成功人士身上发现，要想成为一个卓越的人，一定得有过人的口才。

于是，他决心苦练口才，为了矫正自己的口吃，他模仿一位有名的演说家，嘴里含着小石子讲话。看着嘴唇和舌头都被石子磨烂的儿子，母亲心疼地流着眼泪说："不要练了，妈妈一辈子陪着你。"懂事的他替妈妈擦着眼泪说："妈妈，书上说，每一只漂亮的蝴蝶，都是自己冲破束缚它的茧之后才变成的，如果别人把茧剪开一道口，那变成的蝴蝶是不美丽的，我要做一只美丽的蝴蝶。"妈妈被他的话感动了。

后来，他能流利地讲话了，学习上也开始严格自律。中学毕业时，他取得了优异的成绩，他周围的人，没有谁会嘲笑他，有的只是对他的敬佩和尊重。

1963年，凭着自己的口才和才华，他当选加拿大众议员，首次步入政坛。在此后的40年间，他先后当过财政、国际贸易、外交等7个部长职务。在1993年10月，博学多才、颇有建树的他参加总理竞选，他的对手居心巨测地利用电视广告夸张他的脸部缺陷，然后写上这样的广告词："你要这样的人来当你的总理吗？"面对这种极不道德的、带有人格侮辱的攻击，他机智而巧妙地予以了回击。当他的成长经历被人们知道后。他赢得了极大的同情和尊敬。他在演说中讲道："我要带领国家和人民成为一只美丽的蝴蝶。"这成了他最响亮的竞选口号。最终，他高票当选为总理，并在这个位子上坐了整整10年，是西方世界担任政府首脑时间最长的政治领袖，因而被誉为欧美政坛常青树。他,就是加拿大第一位连任两届的"蝴蝶总理"——让·克雷蒂安。

每当克雷蒂安回忆自己命运的蜕变,他总是这样感叹:"每当我们对自己的人生失望和沮丧时,总会在这条路上埋着头一直走,我们认为再也走不出新的天地来。其实,每条路的旁边,都是路。我们完全不必沿着那条死胡同走厌、走烦、走绝。"

其实,生命中的无奈,恰恰是幸福的背景。如果没有黑夜,我们就无法看到漫天的星辰;没有离别的伤痛,就没有相逢的喜悦。在无奈之余,你可以发现其他值得珍视的东西,只要换个角度去看待,就能收获喜悦与欣慰。

6.为了实现成功的梦想,必须付出失败的代价

从每一次失败中,我们可以了解自身存在的不足之处。如果换一个角度来看待失败,那么你会发现每一次的失败都是一个超越自我的契机。

日本企业家本田先生说:"很多人都梦想成功,但实际上,为了实现成功的梦想,是需要付出失败的代价的,只有经过多次的失败和反思,才能获得成功。"

有一天，森林之王老虎来到了天神面前说："我很感谢您赐给我如此强健的体格、强大的力气，让我有能力统治整个森林。"天神听了，微笑地问："这不是你今天来找我的目的吧？看起来你似乎为了某种事而困扰呢！"老虎轻轻吼了一声，说："天神真是了解我啊！我今天来的确是有事相求，每天清晨，我总是会被鸡鸣声给叫醒。神啊！祈求您再赐给我一种力量，让我不再被鸡鸣叫醒吧！"

天神笑道："你去找大象吧，它会给你一个满意的答复。"老虎兴冲冲的跑到湖边找大象，还没见到大象，就听到大象跺脚所发出来的"砰砰"响声。老虎跑上去问大象："你干嘛发这么大的脾气？"大象拼命摇晃着大耳朵，吼着："有只讨厌的小蚊子总想钻进我的耳朵里，害我都快痒死了。"

老虎离开了大象，暗自想着："原来体形这么大的大象，还会怕那么瘦小的蚊子，那我有什么好抱怨的呢？毕竟鸡鸣也不过一天一次，而蚊子却是无时无刻不骚扰着大象呢。这样想来，我可比他幸运多了。"老虎回头看着仍在跺脚的大象，心想："天神要我来找大象，应该就是想要告诉我，谁都会遇上麻烦事，而他无法帮助所有人。既然如此，那我只有靠自己了！反正以后只要鸡鸣时，我就当作是鸡在提醒我该起床了，如此一来，鸡鸣声对我还是有益的啊！"

老虎的故事告诉我们每个困境都有其存在的价值。在做事的过程中,我们应该借鉴一下老虎的思维。鸡鸣声虽然令老虎感到困扰,但换个角度看,鸡鸣声也是一种鞭策它的力量,可以提醒老虎每天勤奋早起。其实失败对于人,就像鸡鸣声对于老虎一样。困境会让人尝尽苦头,遭受打击;但也可以使人成长。因此,要让困境变成一种对自己的考验,学会在困境中抓住机会。在失去一些东西同时,我们眼前也可能出现一片更广阔的天地,得到的也许会比失去的还多。

无论我们是谁,做着什么样的工作,都是在失败中成长起来的。一个人经历的失败越多,进步就越大,这是因为能从中学到许多经验。美国考皮尔公司的前总裁比伦曾说:"若你在一年不曾失败过,那么你就未勇于尝试抓住各种应该把握的机会。"

大家都知道小泽征尔先生,他是全日本足以向世界夸耀的国际大音乐家、名指挥家。

然而,他之所以能够拥有今天名指挥家的地位,乃是参加贝桑松音乐节的"国际指挥比赛"带来的。在这之前,他不只与世界无关,即使在日本,也是名不见经传。

他决心参加贝桑松的音乐比赛,来个一鸣惊人。克服了重重困难,他终于充满信心地来到欧洲。但一到当地后,就有莫大的难关在等待他。他首先要办的是参加音乐比赛的手续,但证件竟然不够齐全,不为音乐节执行委员会正式受理,这么一来,他就无法参加期待已久的音乐节了!

首先，他来到日本大使馆，说明事情的原委，然后请求帮助。可是，日本大使馆无法解决这个问题，正在束手无策时，他突然想起朋友告诉过他，美国大使馆有音乐部，凡是喜欢音乐的人，都可以参加。他立刻赶到美国大使馆。这里的负责人是位女性，名为卡莎夫人，过去她曾在纽约的某乐团担任小提琴手。他将事情的本末向她说明，拜托对方，想办法让他参加音乐比赛，但她面有难色地表示："虽然我也是音乐家出身，但美国大使馆不得越权干预音乐节。"

她的理由很明白。但他仍执拗地恳求她。表情原本僵硬的她，逐渐浮现笑容。思考了一会儿，卡莎夫人问了他一个问题："你是个优秀的音乐家吗？或者是个不怎么优秀的音乐家？"他刻不容缓地回答："当然，我自认是个优秀的音乐家，我是说将来可能……"他这句充满自信的话，让卡莎夫人的手立时伸向电话。她联络贝桑松国际音乐节的执行委员会，拜托他们准许他参加音乐比赛。结果，执行委员会回答，两周后做最后决定，请他们等待答复。此时，他心中便有一丝希望，心想，若是还不行，就只好放弃了。

两星期后，他收到美国大使馆的答复，告知他已获准参加音乐比赛。这表明，他可以正式地参加贝桑松国际音乐指挥比赛了！参加比赛的人，总共60位，他很顺利地通过了预选，终于进入正式决赛，此时他想："好吧！既然我差一点就被逐出比赛，现在就算不入选也无所谓了！不过，为了不让自己后悔，我一定要努力。"

后来他终于获得了冠军。

小泽征尔在成名前遇到了一些困难,如果他退缩、害怕失败,那么就不会获得后来的成就。只有努力把握机会,才有可能拥有一个成功而没有遗憾的人生。

失败可以磨炼人的意志,增强一个人的毅力。如果把挫折仅仅看成一种失败、一种灾难,那么你一遇到挫折就会陷入焦虑、忧愁、痛苦中而无法自拔。害怕失败、在困难面前退缩的人会失去磨炼意志的契机,进而也失去成功的机会。

生活中强者总是能坦然地面对失败,冷静地分析原因,以乐观向上的态度、坚定不移的信心以及百折不挠的精神去努力、去奋进,进而让自己迈向更高的台阶。

第二章

聆听花开的声音，
而不是追求浮华的幻影

　　古希腊诗人荷马曾经说过：
"过去的事已经过去，过去的事
无法挽回。"纵然昨天的阳光再
温暖，也温暖不了现在的心，
逝去的曾经已不可更改，未知
的明天还没有到来，我们能够
把握的只有现在。既然如此，
为什么还要把宝贵的生命浪费
在犹豫中，甚至对过去懊恼不
已中呢？

1.春天看花，冬天看雪

人生最大的悲剧不是失去，而是在失去的悔恨中荒废了当下。正如《大话西游》中那段为人所熟知的经典台词，"曾经有一份真挚的感情放在我面前，我没有珍惜。等我失去的时候才后悔莫及，人世间最痛苦的事莫过于此。"许多事情从来没有彩排，也没有后悔药，一旦留下了遗憾，便只能抱憾终生，与其等到将来后悔，不如现在就开始把握当下。

珍惜眼前，你会发现当下的一切才是最真实的。昨天已经成为历史，注定无法改变，又何必去留念？明天还未到来，也大可不必为还没有发生的事情恐慌。最重要的是把握好当下，因为真正值得我们珍惜的是现在的生活，唯有如此才能享受人生的乐趣。

印度有一位知名的哲学家，高大帅气、气质高雅，因此受到当地很多女孩子们的崇拜与追求。

一天，一位当地的名门闺秀前来拜访，并向他表达了爱意："错过我，你将错过这世上最爱你的人。"这位哲学家虽然也很中意眼前这位美女，但还是煞有介事地说："让我再好好想想吧。"女孩子走后，哲学家陷入了深思。他把结婚的好坏一一罗列出来，横向、纵向全方位地进行比较，分析其利弊。几天后，他终于得出结果，决定登门提亲。

但当他带着聘礼，兴冲冲地来到女孩家时，却从女孩父亲口中得知，女孩已在昨天嫁给了别人。哲学家听后，脑中轰地一响，他做梦也没有料到，自己对未来的深思熟虑，却是断送幸福的刽子手。顿时，他恍然大悟，明白了一个道理：只有抓住当下的幸福，才能拥有精彩未来。

在我们的身边，像这位哲学家一样，对未来过多思考、过大计划，从而没能抓住当下，让幸福从指缝间溜走的人比比皆是。冰天雪地中的人们盼望着温暖的夏天赶快到来，而当闷热潮湿的夏季真的来临之时，他们却又开始怀念冬天的清凉舒爽，像这样反反复复地期待未来而忽视现在，到头来只会是一场空。

未来是无法预测的，如果我们把精力全部用做幻想未来，从而忽略了当下最真切的感受，把应该做的事情抛至脑后，那么我们期许的未来是不会到来的。如果说我们期盼的未来是站上顶峰，那么在攀爬的过程中，我们必须要做到脚踏实地，把握住自己当下踩过的每一个脚步。只有这样，我们才能顺利登顶。所以，我们并不需要花费过多的心思展望未来，只有认真抓住当下，才会创造出更加美好的未来。

从前有个年轻英俊的国王，他为两个问题所困扰：一是一生中最重要的时光是什么时候呢?另一个是一生中重要的人是谁?

他对全世界的哲学家宣布,凡是能圆满地回答出这两个问题的人,将分享他的财富。哲学家们从世界各个角落赶来了,但他们的答案没有一个能让国王满意。

这时有人告诉国王,在很远的山里住着一位非常智慧的老人。国王马上就出发了。

国王到达那个智慧老人居住的山脚下后,装扮成一个农民。

他来到智慧老人住的简陋的小屋前,发现老人盘腿坐在地上,正在挖着什么。"听说你是个智慧的人,能回答所有问题,"国王说,"你能告诉我谁是我生命中最重要的人、何时是我一生中最重要的时刻吗?"

"帮我挖点土豆,"老人说,"把它们拿到河边洗干净。我烧些水,你可以和我一起喝一点汤。"

国王以为这是对他的考验,就照老人说的做了。他和老人一起呆了几天,希望他的问题能得到解答,但老人却没有回答。

最后,国王对自己和老人一起浪费了好几天的时间感到非常气愤。他拿出自己的国王印玺,表明了自己的身份,宣布老人是个骗子。

老人说:"我们第一天相遇时,我就回答了你的问题,但你没明白我的答案。"

"你的意思是什么呢?"国王问。

"你来的时候我向你表示欢迎，让你住在我家里。"老人接着说，"要知道过去的已经过去，将来的还未来临——你生命中最重要的时刻就是现在，你生命中最重要的人就是现在和你呆在一起的人，因为正是他和你分享并体验着生活啊。"

无论爱情，还是生命，都是有期限的，时机难遇，把握不好就容易在失去中痛苦。想做的事一定要趁早去做，总是思前想后，前怕狼后怕虎，到最后只能空留余恨。生命每一天都是现场直播，把今天演好就是最大的成功，为今天而活，人生才美好。

任何人都不想让此生留有遗憾，都想拥有一个完美的人生，然而现实大多事与愿违。生命如流水，一去不复还，千万不要总是在悔恨中错失了当下的美好。如果事已至此，那么就让一切都随风而去吧，如果不舍得放弃遗憾与悔恨，那么你的宝贵时光只能在悔恨的泥潭中陷落。人生不能重来，谁又愿意一辈子活在悔恨之中?所以，好好把握现在吧，珍惜眼前人，珍惜自己所拥有的一切，这才是生活的价值所在。

2.陪伴是最长情的告白，珍惜是最浪漫的情诗

不要说："茫茫人海，芸芸众生。只要愿意等，总有一天能找到那个属于我的完美另一半。"也不要总是觉得身边的人不够好，后悔自己当初的选择。在这个世界上，不乏让我们怦然心动的佼佼者，然而，世事可以完满者甚少，恰好两情相悦的事情发生的可能性又有多大呢？

在茂密的森林中，如果你看中了一棵树，也许它在别人的眼里枝叶既不茂盛，树干也不是很笔直，但只要是适合你的，你就应该为自己的选择而欣慰。

我们要相信，生活给予我们的都是福报。如果不想与幸福擦肩而过，就不要放弃身边那个一直喜欢着的人。否则，如果错过了青春、错过了一个人，可能就再也回不去了。不断逝去的岁月抹去的不只是青春，还有你对幸福的感知度。粗砺的生命，已经无法体触光滑如缎的爱情，至少不再如你想象中的那样纯粹。因为你早已学会了审视人生的得失，习惯了用一定的标准去衡量情感的厚薄，会去思考是否值得，并试着探究这喧哗背后的人世沧桑和辉煌侧面的阴影。

珍惜自己现在所拥有的，就能好好对待自己的爱人，并相信拥有的就是最好的，就是值得自己尽一切力量一辈子去呵护的爱人。

在波特兰奥瑞冈机场等着接一个朋友时，只因无意中偷听到其他人的对话，我竟碰上了一个足以改变生命的经历，事情发生在离我仅仅只有两尺远的地方。

我极目眺望，想从空桥走出的旅客中找到我的朋友，却注意到一个男人带着两个轻便的袋子向我走来，停在我身旁迎接他的家人。

他放下袋子后先往他最小的儿子（可能是6岁）那里移去，并给了对方一个长长的拥抱。放开时两人互望着对方，我听到这位父亲说："能见到你实在太好了，儿子，我实在好想你。"他儿子笑得羞涩，眼神有点闪躲，只是轻轻地回答："我也是，爸爸!"

然后男子站直，注视着大儿子（也许9或10岁），然后把儿子的脸捧在手上说道："你已经是个年轻小伙子啦！我真爱你，柴克!"他也给了对方一个温暖又温柔的拥抱。

当这些动作正在进行时，一个小女孩（可能是一岁或一岁半）开始在她母亲怀里兴奋地蠕动着，从没把她小小的眼眸从她父亲的脸上移开，男子说道："嗨，小女孩。"当他从她母亲手中温柔地接过她时，很快地在她小脸的每个地方都亲了一下，又把她贴近自己的胸膛摇啊摇，小女孩很快就放松了，满足地把头静静靠在他肩上。

过了一会儿，他牵着女儿和大儿子的手宣布："我把最好的留在最后。"然后给了妻子一个我从未看过的最长、最热情的吻,他深情地望着她好几秒,然后静静地说:"我好爱你。"

他们凝视着对方的眼睛,握着彼此的手相视而笑。那一刻我觉得他们也许是新婚夫妻,但根据他们孩子的年龄判断,又不太可能,我被搞迷糊了,然后发现自己竟被离我不过一臂之遥的、不刻意的真情流露给弄呆了。但更惊讶的竟是我听到我自己的声音紧张地问着:"你们俩结婚多久啦?"

"在一起14年,结婚12年了。"他顺口答道,眼睛还是盯着他可爱的妻子不放。

"那么,你离开多久了呢?"我问道。

这男人终于转过身来,看着我,露出他愉悦的微笑:"整整两天。"

两天?我着实吃了一惊,依这般热烈的欢迎仪式看来,我几乎已认定他们不是离开了几个月,也至少是几个星期。我的心事马上让他看了出来,我实在问得太随性了。于是我想要借着优雅的伪装赶紧脱身(并且赶快去找我朋友):"我希望我的婚姻在12年后还能有你们那般热情!"

这男人马上收敛了笑容,直直地看着我,对我说:"别只是希望,朋友,要下决心。"

然后他又微笑着,握握我的手,说道:"愿上帝祝福你!"就这样,他跟家人转过身去,迈开大步走开了。

我一直看着这个男人走出我的视线,我朋友走到我身边时问道,"你在看什么?"我毫不迟疑,以一种热切的坚定回答他:"我的未来!"

幸福就在我们的身边伸手可及的地方，不要因为贪恋未来征途上那些虚无缥缈的风景，而错过了那份真实应该属于自己的感情，停下奔驰中的脚步，也许会发现，其实一直寻找的那份幸福就在自己的身边，也许并没有想象中的那么完美，更没有期待中的那么奢华，但却在平实中透着安全……

每次去见那个女孩之前，他总会揣上七颗神秘的安定丸。

他第一次见她，就知道她失眠得厉害。脸色苍白，神情疲惫，这是失眠的主要特征。所以他对她说的第一句话是："也许你需要安定丸。"他用了"也许"，是因为他见过很多矫揉造作的女孩，明知道自己有病还不肯承认。他不能判断她会不会是其中的一个。

她不假思索地说："是的，我需要。"语气干脆得让他吃惊。她已经从他的双手看出来他是个外科医生，那双手白皙、修长、灵巧，典型的外科医生的手。

那只是一次普通的聚会，他的朋友和她的朋友一扎接一扎地喝啤酒，喧闹得几乎要将屋顶掀开。他和她不约而同地走到阳台上，一人占着一角，从26层俯瞰广州的万家灯火。毫无疑问，美丽的夜景让他们沉醉。扑面而来的风卷起她的裙和发，借着暗淡的灯光，他发现她的脸一下子变得异常生动，舒展如花。这是一个只在夜里绽放的女孩，他想。

第二天，他坐了两个小时的车，敲开她的小屋，递给她一个用处方纸包裹的小东西，展开，是一颗安定丸。

她按照他的吩咐，换了深色的窗帘，扔了咖啡和茶，喝了一大杯牛奶，然后用白开水吞下药片。柔和的灯光下，她打开一本闲书，一会儿，书从手中滑落，睡意袭来，她第一次在半夜十二点前陷入了温暖的睡眠。

翌日，她醒来，看着镜中自己饱满红润的脸，给他打电话："我要一瓶安定丸。"他来了，却没有带一瓶，只有七颗，用一张处方纸裹着，他说："一天一片，睡眠会自己来找你。"

以后的每个周末，他都会准时出现，递给她一个小包裹。那里面是七颗安定丸。

开始，他很快就离开，慢慢地，待的时间会长一些。他帮她想办法对付厨房水管里的小飞虫，带她去街头拐角处的一间民房里打游戏，到白云山山顶去吹风，她渐渐坠入爱河。

两年后，他们结婚了。蜜月旅行回来，她突然发现自己已有很多天没吃安定丸，但照样睡得很香。问他，他才说，给她的那些药片，除了第一颗是安定丸，其他的都是维生素C。只因每一颗他都做了手脚，她一直都没发现。他做的手脚就是先用小刀磨去"维C"再刻上"安定"。在直径3毫米的药片上动手术，难不倒他这个优秀的外科医生。

她的泪突然滑过他的臂弯，他为她刻写了七百多个"安定"，而她竟然不知，为他给她的婚姻，为这世界上最好的"安定"，她幸福得只能用泪水表示。

很多人喜欢不断地前行，不断地寻找着可能属于自己的缘分，然而很多人却在一味的行进中忘记了去欣赏身边的风景，总是把期望放在遥远的未来里，而往往就是这些路程上不经意间经过的风景，却很可能就是我们一直在寻找的缘分。

人类为地球上最高等的动物，贪欲可能也是最大的，明明幸福就握在手上，却不着边际地遐想，可能还有更好的，于是便放弃已握在手的幸福，去追求虚无缥缈的美好。殊不知，这样做只能换来酸涩的苦果，用那原本丰盈甜蜜的果实去换，岂不得不偿失！

3.红尘尚且安好，幸与不幸全看自己

活在当下，才能享受到真正的幸福，这就是告诉我们不要为已失去的东西而懊悔，也不要为得不到的东西而遗憾，珍惜当下所拥有的才是最重要的。

我们在年轻的时候总认为幸福不过是对功名的一种祈求，是一种对虚荣的满足，觉得一个人如果能大富大贵，出人头地，就是真正的幸福。但是，有句话说："幸福并不是一种傲人的资本，也并非是虚名能够满足的，因为幸福并不是以权势的高低、功名的显赫作为标准。真正的幸福就是珍惜你眼前所拥有的。"

很久以前,在一个香火鼎盛的寺庙里,有一只蜘蛛染上了佛性。

有一天,佛从天上路过,看见了这个香火很旺的寺庙,就来到了这个寺庙里。佛看见了那只蜘蛛问:"蜘蛛,你知道在这个世界上最值得珍惜的东西是什么吗?"

蜘蛛回答:"得不到的和已经失去的。"

佛说:"好,3000年后你再来回答这个问题。"

佛走了。

蜘蛛仍然生活在这个寺庙,每天都为前来许愿的人们祈祷,每天都为他们的故事感动着。日子就这样在不知不觉中慢慢地过去。

3000年后,佛又来到了这个寺庙,他又问这只蜘蛛:"蜘蛛,你知道在这个世界上最值得珍惜的东西是什么吗?"

蜘蛛仍然回答:"得不到的和已经失去的。"

佛说:"好,3000年后你再来回答这个问题。"

佛走了。

蜘蛛仍然生活在这个寺庙里。忽然有一天一阵风刮来了一滴甘露,这滴甘露就落在蜘蛛的网上,蜘蛛很喜欢这滴甘露,它每天都看着它,觉得自己很幸福,觉得每天时间都过得很快。但是有一天,那阵风又刮来了,并且把甘露带走了。蜘蛛失去了甘露,很伤心。日子就在蜘蛛的悲伤中慢慢过去了。

3000年后，佛再一次来到这个寺庙，他又问蜘蛛："蜘蛛，你知道在这个世界上最值得珍惜的东西是什么吗？"

蜘蛛仍然回答："得不到的和已经失去的。"

佛说："好，那你就和我一同到人间走一趟吧。"

蜘蛛随佛来到了人间。

蜘蛛投胎成了一个官宦之家的小姐，取名珠儿。同年，投胎转世的甘露也成了金科状元。在一次皇宫的大宴上，珠儿和甘露又一次相遇了。甘露仪表堂堂，举止文雅，成为了众人瞩目的焦点，自然也得到了皇帝的女儿——长风公主的青睐。珠儿并不着急，因为她知道，她和甘露的缘分是上天定下的。

一天，珠儿去寺庙里烧香，恰巧遇见了陪母亲来烧香的甘露。她走过去，甘露文质彬彬地说："小姐，您有何贵干？"

珠儿的脸色顿时变得很苍白："你难道不认识我了吗？我是珠儿呀，就是两千多年前的那只蜘蛛。"

甘露不解地回答："对不起小姐，我想你是认错人了，我并不认识你，也不知道你说的是什么。"

甘露扶着母亲走了。珠儿陷入了无比的悲痛之中。她不明白这份上天注定的姻缘，怎么这么难。几天后还沉浸在痛苦中的珠儿听到了两个消息：一是皇帝把自己的女儿长风公主许配给了今科状元甘露，二是皇帝把她许配给了自己的儿子甘草。

听到这个消息，珠儿终于坚持不住了，她一病不起。甘草很伤心，他来到珠儿的床边，握着昏迷之中的珠儿的手说："珠儿，你知道吗，自从在父皇的大宴上看见你，我就已经深深地爱上你了，所以我请求父皇把你许配给我，如果你死了，我这下半生……"

珠儿已经听不见了，因为她的灵魂已经慢慢离开了她的躯体，她的灵魂看着身边默默流泪的甘草，感觉像有一把刀在心里狠狠地割了一下。

正在这时，佛出现了，他问珠儿："你现在能告诉我什么是世界上最值得珍惜的吗？"

珠儿含着眼泪说："得不到的和已经失去的。"

佛说："难道你还不明白吗？甘露在你的生命中只是一个过客，他是被长风带来的，也是被长风带走的，所以他属于长风公主。而你在寺庙生活的那段日子里，在你网下的甘草，一直默默地注视着你，爱慕着你，只是他没有勇气告诉你，你也从来没有低下过你那高贵的头。"

这时的珠儿早已是双眼含泪，她点点头，看着自己身边的甘草说："在这个世界上最值得我去珍惜的是现在身边所拥有的。"

因此，懂得把握当下的人是幸福的，当下才是我们生命的真正含义。

庄红与现在的丈夫牵手前，她有自己的初恋。

而造化弄人，庄红却嫁给了另外一个男人。

岁月如梭，孩子渐渐长大，家庭还算平安。然而，每当夜深人静，借着窗外清冷的月光，端详酣睡的枕边人，常常有伤感与不甘涌上庄红的心头。还有一丝愧疚，因为她觉得自己无论怎么努力，都无法爱上这个温和慈厚的男人。

那天下楼买菜，庄红左脚踩到右脚的鞋带，一个跟头从楼梯上栽下去，脑部受到重创，躺在了床上。

在病房里，庄红像一截无智无识的木头，完全不知道，在她被送到医院那天，信奉"男儿有泪不轻弹"的男人是如何当着众人的面，涕泗滂沱地跪求大夫救她；也不知道，在她摔伤的最初几个月，患有肺心病，动不动就气喘吁吁的男人是如何拒绝所有人的帮助，衣不解带在她床边守护；更不知道，在她病情稳定下来后，一直心存委屈的男人是如何一边流泪，一边为她读她的初恋曾经写给她的那些信……

那些信，庄红一直小心地保存在自己床下的小木箱里。她没有对男人透露木箱里面的秘密，男人也从来没苛问过她，但是她从男人偶尔瞟向木箱的目光中揣测，他其实心知肚明。

一心只想救庄红，他请教了所有可能会有办法的人。别人对他说，拿她最心爱的东西刺激她，他立刻想到了那口木箱。可是，坐在床边，他迟迟没有行动，担心不经她允许就擅动那口木箱，会不会冒犯了她。

说实在的，他有些怕庄红。结婚多年，她总是温柔贤雅，从不对他大声说话，可他认为她是下嫁给他，这样，他就欠了她的，他不能让她难过。但是眼下救人要紧，他一千遍地说服自己，终于把木箱拉了出来，打开。

正如他的猜测,是信,庄红爱过的男人、一直不曾忘怀的男人写给她的信。这些信被她按时间顺序仔细编排捆扎,历经岁月的侵蚀,依然平整如新。他用颤抖的手把那些信一封封打开,读着,心里的滋味真是难以形容。

那天晚上,他一个人在家,就着一根大葱,喝醉了酒,第一次将妻子交给女儿去照顾。

第二天,两眼红肿的男人出现在病房里,坐下来,开始一封封地给妻子大声读信。

那些信字字珠玑,如行云流水。渐渐的,他被字里行间的真情打动,钦佩之情油然而生,甚至替庄红惋惜,写信的男人确实优秀。

同时,他心里的困惑也越来越重:当年那人为什么突然销声匿迹,是不是有什么特殊的原因?

男人开始在照顾妻子的闲暇去寻找答案。功夫不负有心人,他终于找到了一位知情人。原来,身体一向强健的那个人突然患了脑瘤,为了不拖累庄红,忍痛斩断情丝。那人已于几年前去世。

明白了原委,男人读信时情绪更加高亢,感情更加充沛,有时读着信,他会产生幻觉,恍惚觉得自己就是当年的写信人,这些信倾诉的就是自己的心事,抒发的就是自己的真情。

奇迹发生了:在他读信的第5个月零7天,庄红醒了。休养几天后出院了。

出院那天的晚上,待妻子睡下,他来到厨房,给自己满满地斟了一杯酒。微醺时，他找来一张信纸，提笔写道："庄红，在一起生活了这么多年，你难道就不能爱我一天吗？"

这是男人结婚以来第一次给妻子写情书，过去他只会脚踏实地疼她，从没想过给心爱的女人写上只字片言。写完，放下笔，他弓着腰，步履沉重地走出家门。大街上车水马龙，灯火通明，他却感到从未有过的孤单，抱紧双手在马路牙子上缓缓坐下，看着眼前的花花世界，唏嘘着自己的前半生。

不知过了多久，他擦擦眼睛，回到家里，看到自己写的那封"情书"还摆在餐桌上。他走上前，想收起那张纸，却突然发现，纸上多了一行字。他小声地读："庄红，在一起生活了这么多年，你难道就不能爱我一天吗？"这是他刚才写下的，现在读着，心竟比刚才还要酸楚，眼泪哗地涌出了眼眶。他用力擦眼睛，接着往下读，那行字写得歪歪扭扭："从此以后，我每天都爱你。庄红。"

每天都爱你，每天都爱你，每天都爱你……一遍遍重复着这五个字，他泪如泉涌，站起身大步走进卧室。

天地万物，自然轮回，我们生活在这样一个空间，必然要遵守生老病死、稍纵即逝的规律。历史不会为我们守候，生命的年轮总是随着日出日落而辉煌、消遁，而幸福的生活就在此刻，只要你能珍惜当下所拥有的，便能享受到生命永恒的快乐。为此，劳累一天，精疲力竭还要加班加点的我们，是否也应该尽快地停下脚步审视一下自己，这样的忙碌是为了什么，我们生活的意义究竟是什么？生命的价值又在哪里？当你的脚步慢下来，也许就会幡然醒悟，享受当下所拥有的东西，才是上天赐予生命的重要意义。

4.这么美的路，感谢你始终陪我走

如果你有半杯水，不要总去关注那些有满杯水的人，而是要多看看那些已经空杯了的人。这样，就能拥有更多快乐。人生最珍贵的不是那些得不到的和失去的东西，恰恰是你现在能把握的。

不要把眼睛总放在别人的手上，不要去羡慕别人的东西。如果你看不到自己手里的东西，你不懂得珍惜现在有的，你就会永远都感觉不到幸福。我们常常看到很多人生活在十分朴素的环境里，但是却依然十分快乐，那就是因为他们看到了自己拥有的东西，他们感谢自己所拥有的，而且备加珍惜。

体验快乐其实很简单，不需要很多金钱，以及更大的住房，或者比现在更好的工作。只要改变我们的态度，珍惜现在手中拥有的东西，永远不要让它失去，自然会过上一种轻松无忧的生活。

　　球王马拉多纳有一份神圣而伟大的事业，也有一个幸福的家庭——两个聪明可爱的女儿和一个美丽体贴的妻子。崇拜他的人太多了，在别人眼里，他就是巨星。但是，由于工作很忙，他没有时间和精力照顾家人。

　　于是，妻子负责家里的一切事务，丝毫没有怨言。每天，妻子都高高兴兴地安排着一切，全身心地布置着他们温馨的小窝。可以说，妻子是这个世界上最熟悉他的人了——妻子知道他喜欢躺在床上看电视，于是就把电视搬到床的旁边；妻子知道他喜欢穿运动服，于是他的衣服是清一色的运动衣；妻子知道他喜欢吃什么，也提早准备好了。

　　身旁温柔的妻子和可爱的孩子，给了马拉多纳最大的快乐和幸福。每次回到家，他把一天的劳累都放下来，徜徉在天伦之乐里，驱散了所有烦恼和不愉快的事情。但是，这种幸福没有维持很久。

　　渐渐地，幸福在马拉多纳眼里只是生命的一部分，甚至是不那么重要的一部分了。随着时间的推移，家的幸福和温暖开始变得平淡无奇。没过多久，他有了情人。终于有一天，他向妻子提出了离婚，至此两人14年的婚姻最终破裂。

　　马拉多纳在和妻子离婚后，始终没有选择再婚，而是和两个女儿生活在一起，住的还是以前的房子。为什么不再娶一个漂亮的娇妻呢？为什么不住更舒适的大房子呢？所有的一切，都在一次媒体采访中找到了答案。

　　有一次，时尚周刊《人物》采访了马拉多纳。当时，他说了这样一段话："虽然我和克劳迪亚离婚了，可我依然爱她。现在我家里的陈设还是当初克劳迪亚设计的样子，电视、CD播放机、照片……还有她亲自选购的家具。看到这些，我就会想起她，她对我太了解了，她是我生命里的小巫婆。"

"我这一生最大的错误是，当初没有珍惜妻子克劳迪亚的爱，现在悔之晚矣。我将终身不娶，因为我已失去了我一生中的最爱。"就这样，马拉多纳略带悔恨地结束了那场采访。

马拉多纳之所以最后闹得孤独一人，就是因为他忽略了平淡的幸福，没能好好珍惜已经拥有的，反而去追求一些并不现实的东西。即使追悔不已，可是还有什么用呢？这个错误将伴随他的一生。

有一句谚语说得好："昨天是一张作废的支票，明天是一种不能取用的存款，今天才是摆在你面前的现金。"这提醒我们，"今天"是最重要的，最值得珍惜，把握好当下的幸福才有快乐可言。

美国有一位老妇人，丈夫在她60岁的时候突然去世了。当她还未从丧夫之痛中走出来，接下来连串的打击更是让她崩溃：首先是她的几个子女为遗产继承权闹得不可开交，甚至还大打出手；接着是丈夫生前倾尽全力经营的公司破产；为了还债，她不得不卖掉房子以及家中所有值钱的东西。这一系列的不幸，令她无法承受，她不知道今后的路能否坚持走下去。

于是，她整天郁郁寡欢，不停地在心中叨念着：我已经60岁了，我已经60岁了！谁都清楚，她是在为自己的未来担心。

她想重新到外面找一份工作，但是当这个念头冒出来的时候，她自己都震惊了：谁会雇佣一个老妇人呢？即使有人愿意，一个60岁的老妇人又能干些什么呢？即便是能做些简单的活，但是谁又能相信她，给她提供工作的机会呢？

她不停地担心别人嫌她老，担心别人嫌她动作迟缓，担心自己无法承受别人要求的工作强度……这一系列的担心更让她怀念过去，怀念丈夫在世的岁月。由怀念而生悲痛，贫穷、寂寞、疾病等等全部都被她请进了门。

她不得不选择住院，医生了解到她的情况后，就对她说："你的病情太严重了，需要长期住院治疗。但是你又没钱……我看这样吧，从现在开始，你可以在本院做零工，以赚取你的医疗费用。"

她就问道："我能够做什么呢？"医生说："你就每天打扫病人的房间吧！"

于是，她就开始手握扫帚，每天不停地忙碌着。慢慢地，她的内心恢复了平静：反正没有比这更好的活法了，而且就目前的情况来说，自己根本别无选择。她每踏进一间病房，就开始目睹一次他人的病痛与灾难，心也就开始豁亮一次，因为她觉得自己是所有病人当中状况最好的。渐渐地，她不再担心了。

疾病和寂寞被驱除，剩下的就是要花力气解决贫穷问题了。为此，当医院让她"出院"时，她就恳切地说服院方让她留了下来，继续在保洁员的岗位上又做了三年。由于经常接触病人，她对病人的心理也了如指掌。三年后，她被院方聘为心理咨询师。疾病和寂寞早已离她而去，贫穷也开始向她挥手告别，她开始了新的人生。

在她72岁那年，她已经拥有了这家医院51%的股份。她办公室的墙上有这么一句话："昨天的痛，已经承受过了，有必要反复去兑现吗？明天的痛，尚未到来，有必要提前结算吗，只要活好生命中的每一个'今天'，你就能感受到当下拥有的幸福。"

从现在开始，请全身心地投入到当下的生活里，远离那些不切实际的想法和烦恼，真正把握好眼前的一切。珍惜现在拥有的，你会远离所谓的失败和痛苦，丢下患得患失的彷徨。这样，当你一无所有的时候，也还能毫不犹豫地说："我很幸福，因为我曾经生活过。"

5.如果看不清未来，那就努力做好现在

如果看不清未来，那就努力做好现在。把眼前的事情做好了，机会自然会来。过去的你已经无法更改，未来的你什么样，取决于你的现在。

美国著名的电影明星帕特·奥布瑞恩在踏入影视界之前，只是一名默默无闻的话剧演员。一次，他参加了一部名为《向上，向上》的话剧表演。

帕特对自己很有信心，他的表演也很到位，可是观众似乎对这样的剧本不感兴趣，第一次演出，剧场里的座位上只到了不足三分之一的观众。后来的观众更是越来越少，剧团难以为继，只好将表演场地搬到一个偏僻廉价的小剧院。

这样的地方，观众自然寥寥无几，门票收入减少，演员们的薪水也每况愈下。一时间，一种消极的情绪在剧团里蔓延开来，演员们都感觉前途一片渺茫，表演也不再像以前那样卖力了，甚至有人私下里做好了离开剧团的准备。

在大家埋怨时运不济的时候，帕特却从未懈怠过，仍是一如既往地全身心投入表演，即使台下只有一名观众，他也会百分百地投入。

一天晚上，剧团来了一个陌生人，坐在最前排看帕特的表演。当帕特表演完，他站起来报以热烈的掌声。帕特以为他只是一名普通的观众，当这个男人走上台来，握着帕特的手自我介绍，帕特才知道他竟然是大名鼎鼎的电影导演刘易斯·米尔斯顿。

刘易斯被帕特的演技和敬业精神所折服，当即邀请他参与电影《扉页》的拍摄。从此，帕特在电影界崭露头角，并逐渐成为观众喜爱的电影明星。

活在当下是一种全身心地投入人生的生活方式。当你活在当下，而没有过去拖在你后面，也没有未来拉着你往前时，你全部的能量都集中在这一时刻，生命因此具有一种强烈的张力。

"当下"给你一个深深地潜入生命水中，或是高高地飞进生命天空的机会。但是生活在过去和未来之间的当下就好像走在一条绳索上，在它的两边都有危险。一旦你尝到了"当下"这个片刻的甜蜜，你就不会去顾虑那些危险；一旦你跟生命保持在同一步调，其他的就无关紧要了。

从前，远方有个王国，国王的年纪大了，他把三个儿子叫到跟前，对他们说："我们王国北方有一座最险峻的山峰，山顶上长着全世界最老、最高、最壮的松树。我将派遣你们独自去攀登那座高峰，从那棵树上摘一根树枝回来，把最棒的树枝拿回来的人，就可以继承我的王位。"

第一个王子带着行囊出发了。三个星期后，风尘仆仆的回到王国，带回了一根巨大的树枝。国王似乎很满意，恭喜他完成了任务。

接下来轮到第二个王子，他发誓要取回更好的树枝，于是带着帐篷上路了。第六个星期快结束时，他终于回来，拖着一枝庞大的松枝，比第一个王子拿回来的大了很多。国王高兴极了。

最后，最小的王子收拾行囊朝高山出发。然而他久久没有回来，直到第十四个星期，才传来小儿子正在返家路途中的消息。

国王算准他到家的时间，命令全国人民聚在一起，等候第三个儿子回来。王子到达时，全身衣服又脏又破，不仅疲累不堪，而且连一根小树枝都没带回来。

小王子眼里含着羞愧的泪水说："对不起，父亲，我试着去完成你交给我的事，找到那座雄伟的高山，日以继夜的登上最顶端，寻遍了整个山顶，可是发现那里根本就没有树！"

国王泪流满面，向幼子温和的说："你是对的，那座山顶根本没有树木，现在，我们王国的一切都是你的了。"

众人不解，便问国王为何要将王位传给这位没能带回树枝的儿子。国王说："他虽然没有带回树枝，但他是我三个儿子中最努力的。当他发现山顶没有树的时候，他接受了眼前的现状。接着，他花了好几个星期去寻找我所说的那些树，虽然他最后都没能找到，但他有着作为一个国王应该有的素质。"

只要在生活中永远选择尽力而为，到最后你一定会收获丰硕的果实。或许我们可以假设一下，假如那个最小的儿子最终没能获得国王的位置，但至少他努力了，在很多人心里，他已经是一个成功的人了。

也许你努力了也永远达不到目标，因为那本就是一个不存在的东西。但是，当你尽力而为之后，就不会给自己的人生留下遗憾。

佛家常劝世人要"活在当下"。到底什么叫作"当下"？简单地说，"当下"指的就是：你现在正在做的事、呆的地方、周围一起工作和生活的人；"活在当下"就是要你把关注的焦点集中在这些人、事、物上面，全心全意认真去接纳、品尝、投入和体验这一切。

你可能会说："这有什么难的？我不是一直都活着并与它们在一起吗？"话是不错，问题是，你是不是一直活得很匆忙，不论是吃饭、走路、睡觉、娱乐，你总是没什么耐性，急着想赶赴下一个目标？因为，你觉得还有更伟大的志向正等着你去完成，你不能把多余的时间浪费在"现在"这些事情上面。

不只是你，大多数的人都无法专注于"现在"，他们总是若有所想，心不在焉，想着明天、明年甚至下半辈子的事。

假若你时时刻刻都将力气耗费在未知的未来，却对眼前的一切视若无睹，你永远也不会得到快乐。一位作家这样说过："当你存心去找快乐的时候，往往找不到，唯有让自己活在'现在'，全神贯注于周围的事物，快乐便会不请自来。"

或许人生的意义，不过是嗅嗅身旁每一朵绮丽的花，享受一路走来的点点滴滴而已。毕竟，昨日已成历史，明日尚不可知，只有"现在"才是上天赐予我们最好的礼物。

许多人喜欢预支明天的烦恼，想要早一步解决掉明天的烦恼。明天如果有烦恼，你今天是无法解决的，每一天都有每一天的人生功课要做，努力做好今天的功课再说吧！

6.心灵浮躁时，你该踏上寻找另一个自己的旅途

沉溺于过去，会分散你的注意力。当你不安的时候，过去仿佛是一个理想的避难所，但它是不真实的。你总是以各种形式把自己隐藏在过去中：给过去涂上一层浪漫的色彩；对过去的一切感到遗憾。但是只有两种对待过去的方式对你有好处：学会欣赏过去、从过去中学习。

给过去涂上一层浪漫的色彩是非常有诱惑力的。记住过去愉快的经历使人快乐，但是如果拿过去和完全不同的现在做比较，快乐就会失去。我们或许曾经把一切想象得非常美好，甚至相信自己错过了真正的灵魂伴侣。但是，过去一去不复返，此时此刻才是活力的源泉、真正力量的来源。

在美国历史上，伊东·布拉格是第一位获得普利策奖的黑人记者，当同行采访布拉格，询问他的获奖感受时，他在麦克风面前讲述了一段令人感慨的经历："我小时候，家里非常穷，我父亲是个水手，他每年都来来回回地穿梭于大西洋的各个港口，尽管如此，挣的钱依然不够维持全家人的生活。面对这种处境，我非常沮丧，因为我一直认为，像我们这样地位卑微、贫穷的黑人不可能有出息。

抱着这种想法，我浑浑噩噩地上学，可想而知，成绩也好

不到哪儿去，就这样，我在自己设定的围墙下过了10多年。

有一天，父亲突然对我说：'现在你长大了，应该带你出去见见世面，我希望你的生活能和父母不同，能摆脱从前的贫穷而有所成就。'听了父亲的话，我暗想：'有成就？怎么可能呢？我不过一直都是个穷黑人的儿子。'

尽管如此，我依然听从父亲的安排，随他一起去参观了大画家梵高的故居。在这间狭小、几乎空空如也的屋子里，我看见了一张小木床，还有一双裂了口的皮鞋，我很惊讶，这位著名画家的生活居然如此简陋！

我问父亲：'梵高不是个百万富翁吗？他怎么会住在这种地方？'

父亲说：'儿子，你错了，梵高曾经是个穷人，是个比我们还要穷的穷人，他甚至穷得娶不上妻子，可是他没有向昨日的贫困屈服。'

这段经历让我对以前的看法产生了疑惑，我想：我是否也可以从我过去的碌碌无为中摆脱出来，而有些出息呢？梵高不也是个穷人吗？他为何知道自己只不过是昨日的穷人而非现在和将来的穷人呢？

第二年，父亲又带着我到了丹麦，我们游走于安徒生的故居内，这里的环境比梵高强不了多少，我更惊讶了，因为在安徒生的童话中，到处都是金碧辉煌的皇宫，我一直以为他也和书中的人物一样，住在皇宫里。

我向父亲提出了自己的疑问：'爸爸，难道安徒生不是生活在皇宫里吗？'父亲看着我意味深长地说："不，孩子，安徒生是个鞋匠的儿子，你喜欢的那些童话就是他在这栋阁楼里写出来的。'

直到这时，我才终于明白，父亲为什么会带我参观梵高和安徒生的故居？其实他想告诉我：不要在乎过去所过的生活如何贫穷，尽管我们是穷人，身份很卑微，但这丝毫不影响我们成为一个有出息的人。"

对于一时的贫穷，我们要坚信，从踏出生命旅程的那一刻起，我们就告别了贫穷，摒弃了过去。抬眼仰视前方，只剩下期待我们去创造的美好未来，风雨兼程，勇往直前，终会换来专属于自己的一片碧朗晴空。

如果你对过去的一切感到遗憾，就是忽略了过去赐给你的礼物。你把自己当成了受害者，拒绝承认自己是创造者。如果你感到内疚，觉得不应该那么做，那么你对自己就太苛刻了。你那么做完全是在自己所知的范围内尽力而为的。

哈里·莱伯曼先生是位著名的制药专家，80岁才离开顾问的岗位真正退休。他退休后常到俱乐部去下棋，以此来消磨时间。

有一天，女办事员告诉他，有位棋友因身体不适，不能前来作陪。看到老人失望的神情，这位热情的办事员就建议他到画室去转一圈，还可以试着画几下。

"您说什么，让我作画？"老人哈哈大笑，"我从来都没有摸过画笔。"

"那不要紧,试试看嘛!说不定您会觉得很有意思呢!"

在女办事员的一再坚持下,哈里·莱伯曼到了画室。过了一会儿,她又跑来看看老人"玩"得是否开心。

"太棒了,老先生!您刚才一定是在骗我!您简直是一位名副其实的画家。"她笑着对老人说。

不过,老人刚才说的全是实话,这确实是他第一次摆弄画笔和颜料,以前从未发现自己有绘画的才能。

提起当年这件往事,老人颇有感慨地说:"我开始很不适应退休后的生活,那曾是我一生中最忧郁、最难熬的时光。那位女办事员给了我很大的鼓舞,从那以后我每天都去画室,从作画中我又找到了生活的乐趣。从事一项力所能及的有意义活动,就会使人感到又投入了朝气蓬勃的新生活。"

后来,绘画对于这位八旬老人来说,已经不仅仅是一项单纯的消遣活动了,他对作画已产生了浓厚的兴趣。82岁那年,老人还去听了绘画课,一所学校专为成年人开办的十周补习课程。这是老人有生以来第一次系统地学习绘画知识。第三周课程结束的时候,老人直率地抱怨任课教师画家拉里·理弗斯:"您给每一位学员都讲得耐心细致,对我却从来不给予帮助和指导,甚至连一句话也不说。这是为什么?"显然,老人有些不高兴了。

"先生,因为您所做的一切,我自己实在是赶不上。我怎么敢妄加指点呢?"拉里·理弗斯说得情真意切,还自愿出钱买下了老人的一幅作品。

人的潜能有时是极其惊人的。就这样，不到四年的光景，哈里·莱伯曼的许多作品先后被一些著名收藏家购买，并登上了博物馆的大雅之堂。

1977年11月，洛杉矶一家颇有名望的艺术品陈列馆举办了第23届画展：哈里·莱伯曼101岁画展。

这位百岁老人笔直地站在入口处，迎候参加开幕仪式的四百多名来宾，其中有不少画家、收藏家、评论家和新闻记者。老人身材瘦长，脸上皱纹已深，下巴留着一撮胡须，头发花白，但却精神焕发，衣着整洁，看上去最多不过80多岁。其作品中表现出来的活力，赢得许多参观者的赞叹。美国艺术史学家斯蒂芬·朗斯特里特热情洋溢地赞美道："许多评论家、艺术品收藏家，透过这种热情奔放、明快简洁的艺术，看到了一个大艺术家的不凡手法。"

不必惧怕未来的道路有多难行，不必忧心纠结于自己的不完美，当一切不如意的时候，不妨静下心来，挖掘蕴藏在我们体内的潜藏力量，如此，相信我们将会迎来凤凰涅槃的重生，"会当凌绝顶，一览众山小"。人生如此，该是何等的洒脱、何等的惬意。

第三章

喜欢就表白，
或者给他表白的机会

很少有人的爱情是可以等来的。倒是很多女孩都在春去秋来的等待中慢慢消逝了容颜。人类的生命是很短暂的，稍不小心，一生就这么过去了。女孩如花的青春也是非常短暂的，没有谁真的能像"那棵开花的树"一样等上几百年。

1.再好的缘分也经不起等待

很多女孩都会有过像紫霞仙子那样的梦想"我的意中人是一个盖世英雄，有一天他会踩着七色的云彩来娶我"，很多女孩也都会很狂热地喜欢上席慕容的《那棵开花的树》：

如何让你遇见我，

在我最美丽的时刻。

为这，

我已在佛前求了五百年，

求佛让我们结一段尘缘。

佛于是把我化做一棵树，

长在你必经的路旁

……

因为她们都曾寂寞地等待过。可是，等待在大多数时候都只是一场迷人的痴幻，很少有人的爱情是可以等来的。倒是很多女孩都在春去秋来的等待中慢慢消逝了容颜。人类的生命是很短暂的，稍不小心，一生就这么过去了。女孩如花的青春也是非常短暂的，没有谁真的能像那棵开花的树一样等上几百年。

梅洁失去了一段最真的感情, 只是因为矜持, 回想起来, 她还懊悔不已。她在日记里写道:

我从小就是个比较好强的女孩, 可能因为这样, 我在爱情和工作上都显得比较被动。虽然我并不内向, 但也总不习惯把自己的意思直接地表达出来, 总是埋在心里。

好友告诉我, 熟悉我的人知道我这是矜持, 不熟悉的还觉得我太傲慢。

杨冬和我是大学同学, 在校园里, 我们就相恋了。后来毕业, 各自有了工作, 我们依然保持着恋爱关系。

这场恋爱, 由始至终都是杨冬在主动。我爱杨冬, 他的细心和体贴让我感动, 但好强的我, 没有想过主动, 连手也不曾和他拉过。

杨冬常常对我戏言: "我要是你肚子里的蛔虫就好了, 似乎总觉得捉摸不定, 不知道你到底怎么想的。"

工作的第二年, 杨冬的公司大幅裁员, 他也被精减了。我知道这一情况后, 想安慰他, 却又不知道怎么安慰, 于是一直没有表示。

犹豫了一周后, 我打了个电话过去——其实我们之间, 从来就是他主动打电话给我, 我想, 这也许是我第一次主动。

电话通了, 我明显地感受得到电话那头的杨冬有着难言的失落与沉默。想了想, 我说: "其实你失去工作的事, 我早就知道了, 我给了你一个星期的时间来难过, 希望你可以坚强些，渡过这次难关……"我知道，这其实是在给自己的被动找借口！

那边的杨冬始终没有说话，"嗯""哦"了两声后，他把电话挂断了。我的心蹬地一下凉了，这是他第一次挂我的电话。

想想以前杨东待我的柔情，我坚信，他迟早会回来哄我的，于是也没当回事。

再后来，公司接了个项目，我是主要负责人之一，这一忙，我忘了去问杨冬找工作的事。

每天每时我都在期待着手机突然响起，是杨冬打来的，告诉我，他想我。但是，我一直等了20多天，杨冬才打电话过来。看到来电显示是杨冬的电话，我忍不住激动起来。

杨冬约我第二天在公园见面。我很高兴，却极力克制着自己的喜悦，平淡地答应下来。

那天，我精心地装扮了自己，为的是给杨冬一个好印象。我们已经差不多一个月没有见面了，他不知道，这一个月我有多想他。但我从来不曾说出口，也没婉转或隐晦地表达一下自己的感情。

我们如约在公园见了面，见到他的一刹那，我看到他的眼睛里有亮色，我知道，我的打扮令他意外，我看到了他眼里的辛酸，似乎想哭。

也是在刹那间，杨冬情不自禁地抱住了我，我大吃一惊，本能地挣脱了杨冬的拥抱。

可是,刚挣脱我就后悔了,其实刚才那一刻,我很心醉,我也不知道自己为什么会挣脱他的拥抱,或许是我太害羞。

为了打破尴尬,我几乎有些没话找话地问他:"杨冬,你找到工作了吗?"

杨冬有些伤感,说找到了,然后不再提及。他说,他很怀念在校园的时候,我们曾经是如何的快乐,我们曾经的种种乐趣和小事如何让他怀念,说得泪水都泛了出来。

我也很感动,我想,这次他再拥抱我,我一定不会拒绝,但是杨冬没有。他说,想让我去他家吃饭,并见见他的父母。这个要求让我很意外,我完全没有心理准备,于是我拒绝了。

但是,我忽略了杨冬的感受。他很失望,说:"我怎么感觉你这么不在乎我?难道你就不怕我飞了吗?"倔强的我,半开玩笑地说:"行啊,你飞吧,我给你安翅膀……"

再后来,杨冬发了条短信给我:"我一直都不知道你心里到底是怎么想的,我很努力想读懂你的心思,希望有一天我的爱能够有所回应,可一直等到今天,我还是彻底失望了!"

突然之间,我有些害怕,怕从此失去杨冬。可是,我又拉不下面子去对他表白什么,我想回他的短信,却又不知道说什么好。

最终我什么表示也没有,但我心里做了一个决定:下次杨冬再邀我去他的家里,我一定会答应他。

又过了两个月,杨冬再也没有主动给我打过一次电话。我一天天地等下去,终于坐不住了,我觉得,女孩是不是也应该主动一下？想了许久，我决定告诉杨冬：我愿意和他一起去见他的父母了。

于是我拨通了他的手机，当电话接通的时候，里面传来一个女孩清脆的声音："你好，你是谁呀？我是杨冬的女朋友，他现在在洗澡，如果有什么事，你可以告诉我，我会转告他的。"刹那间，我只感觉到天旋地转，握着电话，说不出话来。

我想到了杨冬的短信，发那条短信时，他是如何的绝望？也许，我们的感情在他发出那条短信时就预示了结局。但是我心有不甘，我决定主动找他谈谈。

后来，杨冬向我解释，他失业那段时间，是那个女孩给了他很多帮助和安慰，他说了一句让我后悔终生的话："你的冷淡比起她的热情，只让我觉得心寒。"他把"心寒"两个字说得极重。

杨冬说，恋爱这么多年来，我连一点爱的表达都没有过，手也没和他牵过，连句爱的表白也没有，他已经等得没有信心了。

我哭了，当着杨冬的面抽泣不已。第一次，我不要矜持了，也不要所谓的理智与坚强了，问杨冬："我还有没有挽回你的可能？我们还能重新开始吗？"杨冬轻轻地摇了摇头。

我失声痛哭起来，突然之间，我觉得，我真的不能没有他，我原来是如此地爱他，却从来没有珍惜过他。矜持，让我失去了最真的爱！

印度哲人说："神将不断打开你的心灵，直到它永葆开放。"而爱情里那一句大声地呼喊，正是一把打开我们心灵圣殿的神圣钥匙。从这里我们起码可以闻到芬芳的忧伤。看它如水一般流淌开来，流经葱茏的岁月，滋润我们生命的村庄。

做一个有爱的女子，如果某天和爱情狭路相逢，请敞开自己，像个婴儿那样，告诉对方，我很爱很爱你。剩下来的结果，不用猜想，即便是一路忧伤，也无需后悔。你只要将那些如水的忧伤，找一个画板，涂抹成一幅缤纷的画作，便是此生最美的祭奠。

女人如花花似梦，很多女孩的青春就是在这种如梦如幻的等待中慢慢消逝的。有些女性正是因为懂得在婚恋中采取主动态度，令男性眼中的她出众无比，最终赢得美满爱情。台湾名嘴陶晶莹在谈及自己的恋爱史时，就直截了当地说："像我们这样聪明的女人，如果不主动点，基本上就没什么机会啦！"所以，一旦自己欣赏的人出现在身边时，不要犹豫，巧妙地主动争取。

2.我们都普通，何必要他们完美

如果在这个世界中挑选一件最美丽的东西，那么应该就是爱情吧。爱情是神圣的，也是美好的。没有了爱情的存在，生命就失去了耀眼的光芒和亮丽的颜色，爱情能够激发一个人对生活的热爱，对未来的激情，没有爱情的人生是残缺的，也是乏味的。

从某种意义上说，追求完美是一种非常优秀的品质，但是在这个世界上，并没有尽善尽美的事情，当然也不存在完美无缺的人。就算是一块价值连城的宝玉，在显微镜的下面都会有瑕疵，更不要说人了。

几十年的独身生活使威廉厌倦了，威廉决定娶一个妻子。威廉经常看到取名为"爱情"的婚姻介绍所的广告，据说，这些广告曾经帮助许多人解决了他们的终身大事。于是他来到了一家最有名气的婚姻介绍所。

接待他的女士将他带到了一个房间，房间里有很多门，上面写着一些女性的资料，威廉要做的就是根据自己的要求推开相应的门。

第一个门上写着"终生的伴侣"，另一个门上写着"至死不变心"。威廉忌讳这个"死"字，于是，便迈进了第一个门。接着,又看到两个门,右侧写的是"淡黄的头发",左侧写的是"乌黑的头发"。威廉总是喜欢长着淡黄色头发的女性,于是,便推开了右边的那扇门。进去以后,还有两扇门,左边写着"美丽、年轻的姑娘",右面则是"富有经验的、成熟的女人和离过婚的女人们"。左边的那扇门更能吸引威廉的心。进去以后,又有两扇门。上面分别写的是"苗条、标准的身体"和"略微肥胖、体型稍有缺陷者"。用不着多想苗条的姑娘更中威廉的意。于是,进了第五个房间,里面还有两扇门,分别写的是"双亲健在"和"举目无亲"。

威廉感觉自己好像进了一个庞大的分检器,再被不断地筛选着。下面分别看到的是他未来的伴侣操持家务的能力,一扇门是"爱织毛衣、会做衣服、擅长烹饪",另一扇门上则是"爱打扑克、喜欢旅游、需要保姆"。当然,爱织毛衣的姑娘又赢得了威廉的心。他推开了把手,岂料又遇到两扇门。这一次,介绍了她们的精神修养和道德状况:"忠诚、多情、缺乏经验"和"有天才、具有高度的智力"。威廉确信,他自己的才能已足够应付全家的生活,于是,迈进了第一个房间。里面,左侧的门上写着"疼爱自己的丈夫",右侧写的是"需要丈夫随时陪伴她"。当然威廉需要一个疼爱他的妻子。下面的两扇门对威廉来说是一个极为重要的选择:上面分别写的是"有遗产,生活富裕,有一栋漂亮的住宅"和"凭工资吃饭"。理所当然地威廉选择了前者。

威廉推开了那扇门,才发现自己已经走上了马路。这时,一开始接待威廉的那位女性来了，她递给威廉一个玫瑰色的信封。威廉打开一看，里面有一张纸条，上面写着："您已经挑花了眼。人总不是十全十美的。完美是种理想，即便是上万种选择仍会有遗憾。"

有人说，完美是上帝进化人类的诱饵，它是永远让人眺望而无法达到的目标。抱怨别人之前，请审视自己，如果你不是完美的，那就别再用完美的标准去衡量对方。

当然，在现实生活中，人们对完美都有着极大的渴望。追求生活中的完美是一件无可厚非的事情，但是这样的追求要有个限度。因为所有的事情都不能十全十美，总是会或多或少带瑕疵。如果过分要求一个人或者一件事情十全十美的话，无疑就等于把自己禁锢，而且永远也找不到自己想要的。

追求美好的对象本身并没有错，但如果容不下一点缺憾，对身边的人"横挑鼻子竖挑眼"，总觉得"那山总比这山高"，这就可能是强迫行为了。对自己过高的评估，带来的或是看轻别人，或是更多看到了物质的东西。很多"剩男剩女"列出的心仪对象条件，都是自相矛盾的：比如希望一个男人事业有成、占据高位，同时又不能太忙，要常常在家陪着妻子看电视；希望那个女人要听话，但挣的钱不能比自己少……他们根本不是在找相爱的人，而是在找一个"完人"。

在择偶上脱离实际，想追求完美另一半的女性应该好好审视一下自己，我们也是普通人，也有缺点和不足，何必非要挑

剔别人。

雨雯是个优秀的女孩，人长得漂亮，工作能力强，身边不乏追求者。不过，雨雯对于选择男朋友的事很谨慎，她的态度就是宁缺毋滥。

雷奥是雨雯大学时代的校友，是个儒雅的男人，他对雨雯一直情有独钟；公司的同事乔安是个事业型的男人，对雨雯也颇有好感。两个人对雨雯都展开了猛烈的追求，周围的朋友劝雨雯选择乔安，说这样的成功男人不可多得；雷奥倒是人不错，可总觉得雨雯嫁给他这样一个平常的男人有点委屈……朋友们的话雨雯听在心里，可她有自己的想法。

在雨雯生日那天，她收到了两份特别的礼物。雷奥和乔安都知道雨雯几天后要参加姐姐的婚礼，于是不约而同地为她买了鞋。乔安送了雨雯一双古奇牌高跟鞋，是当下最流行的款式；而雷奥却送了一双普通的、看似有点老气的坡跟凉拖。看到这两份礼物之后，雨雯在心里作出了选择。

朋友们笑雨雯傻："齐安那么有品位的男人你不要，非要雷奥这个土老帽。你看看他送的鞋子，怎么能在婚礼上穿呢？"雨雯笑了笑，说雷奥更适合自己。

原来，雨雯的脚一直有伤，每次穿高跟鞋的时候，脚后跟都会疼。在婚礼上，她要给姐姐做伴娘，一天下来肯定会很累，如果穿高跟鞋脚会痛得走不了路，穿坡跟鞋会更舒服一点。雨雯觉得自己在生活中是个粗心大意的人，有时为了工作废寝忘食，她渴望有个人在身边照顾自己，关心自己，这份踏实和细心正是雨雯所需要的。至于乔安，或许他是浪漫的，懂柔情的，但雨雯的世界最需要的并不是这些，她要的是一个贴心的爱人。

有人曾说，爱情就是当你知道对方不是自己所崇拜的人，而且明白对方还有着种种缺点，却仍然选择了对方，并不因为他的缺点而否定其全部。雨雯知道雷奥不懂风情，不像乔安那样了解女人的心思，但她仍旧选择了他，只因为他适合自己。

我们需要另一半，是因为我们都不够完美，我们需要彼此依靠、彼此扶持来度过一生。你要寻找的另一半重要的不是对方有多完美，而是他跟你的契合度有多高，适合的人远比完美的人更能带给我们爱情、婚姻的满足感。

有的时候，我们并不是很了解自己的内心，好好跟自己的心灵对话，想想，是什么原因让我们和缘分一次次擦肩而过。

3.给他"制造"一个表白的机会

如果你是个不善于表达的女孩，又恰巧喜欢上了一个生性腼腆的男孩，如果你不给他某种暗示的话，那么，你可能会在等待他的表白中耗很长一段时间。

给腼腆男孩制造机会，与女孩主动出击是两回事。女孩主动出击，讲的是喜欢了对方，主动去追求。而给对方制造机会，是知道对方喜欢自己，可他因为腼腆而不敢表白，女孩主动制造机会，引导他把心里的真实感情表达出来。

总之，无论如何都不要把感情闷在心里不去表白，造成永远的遗憾。因为总有那么一些不开窍的男孩，长着一个"榆木脑袋"，需要女孩点拨一下。

有个男孩和女孩在公园里约会，女孩希望男孩拥抱一下自己，就暗示这个男孩说："有人说男人手臂的长度，恰好等于女人的腰围，你相信吗？"男孩说："这我倒没有量过……"女孩再次暗示他："可以量一下呀！"

男孩明白了女孩的意思，轻轻而温柔地拥抱了女孩一下，说："你真的好苗条啊。"

后来，男孩和女孩结婚了，过得很幸福。男孩想，是当初公园那个拥抱让他们打破了僵局，让他拥有了最爱的女孩。

婚后，男人故意逗女人："还记得吗？你说男人手臂的长度，恰好等于女人的腰围，现在我不相信这个方法了，因为现在我的手臂不等于你的腰围。"

女孩，不，现在她已经是女人了，就倚着丈夫轻轻地笑着点头——因为她已经怀孕了。

有句话说：如果你真的爱他，就放下女孩子的架子吧。

小竹和王舒是朋友，可又不像朋友。让小竹郁闷的是，王舒又从来不曾对她表达过什么，两人之间一直持续着那种介于恋人和朋友间的关系。

随着时间的推移，小竹看得出来，王舒是真心的喜欢她，只是他太过于害羞、内向。于是，她决定制造些机会，让他把这层"窗户纸"捅破。

某一天，小竹约王舒去朋友家，朋友家在十楼，却遇电梯停电。到六楼时，小竹装作实在走不动的样子，可怜巴巴地对王舒说："王舒，我肚子好疼，怎么办？"王舒犹豫了一下，说："我拉着你走好不好？"

小竹会心地笑了，把手递给他。王舒有点不好意思，脸都红了。走了两层，小竹把手挣脱，说："哎，我还是走不动了。"说着就坐了下来，再也不肯走。王舒犹豫着说："要不我背你走？"小竹雀跃起来："好啊。"说着就跳到了王舒的背上。背着小竹，闻着她身上淡淡的清香，王舒似乎充满了力气。

不知不觉间，两人的距离拉近了很多。再后来，他们相聚或约会，也开始拉手了。

那天，小竹主动打电话给王舒，却听着他的声音有气无力的，她感到王舒可能生病了，于是跑到王舒的住处。

果然，王舒因为感冒，引发了鼻窦炎，导致半边脸疼痛肿胀，头也疼，人也倒下了。小竹为他买药，熬汤，把他照顾得细致入微。

王舒病好的时候，小竹假装探试他："哎，我这朋友也做得够尽职了吧？现在你也好了，我也该解脱啦。告诉你一个消息，我们公司派我去S市担任销售经理，下周我就得走了，你要照顾好自己……"

王舒听后慌了神，突然一把拉住了小竹的手，对她的表白脱口而出："我很早就喜欢你了，真的好喜欢……是这次生病，让我意识到，我……我不能没有你，小竹，留下来吧，做我的女朋友……"后来，小竹留了下来，他们的爱情很快就水到渠成了。

很多女孩子像小竹一样，默默地爱着一个人，但总是等不到对方的表白，很苦恼。很多时候，不是他不够爱她，而是他找不到合适的表白方式，觉得自己"没有机会"。如果是这种情况的话，这段爱情实在是太冤枉了。

其实，机会是可以制造出来的。掌握一些技巧，试探他一下，早一点明白他的心思，让爱情来得更顺利吧。

首先，了解他是否真的生性腼腆。

这点很重要，或许他根本就对你无意，你却误以为他是性格内向而不好意思表白，那很可能会表错情。也有一种男人，看上去开朗大方，和人交流爽朗自如，但在某个女孩面前，却腼腆害羞，也说明他对这个女孩有意思。

其次，了解他是不是对你有意。

女孩一般都敏感，凭着这种"第六感觉"，通常能感觉得到男性对自己的真实意图。如果他对你完全没有那种感觉，你的"制造机会"只会给自己带来尴尬。了解他的真实意思，可以从平时的细节中观察出来。

以上两点都确定了，就开始你的浪漫之旅吧。但是不要忘了，在给他制造机会的时候，要注意一些问题。

(1) 感情表达一定要自然。

感情还是真实自然为好，千万不要做作而虚假，否则很可能会弄巧成拙。或许他本来对你有好感，却让你的做假给"做"没了。

(2) 把握好火候与分寸。

不要明知道他喜欢你，还赤裸裸地质问他："说，你是不是喜欢我？不要紧，喜欢我就大胆地说，说'我爱你'。"或者大胆地拦住他，说"我知道你喜欢我"，然后再赤裸裸地主动给他一个香吻。这样只会把他吓跑或把他对你的好感骤然降低。记住，心急吃不了热豆腐！

(3) 分清主次。

不要把给他制造机会搞成了主动进攻追求他，这是两回事。知道他爱你，再不动声色地给他制造表白的机会，而自己，依然要享受被追求的快乐。

4.灰姑娘光有水晶鞋还不够,还要参加舞会

即使是灰姑娘,也是通过舞会这个大聚会,才得以认识王子并过上幸福快乐的生活。

社会学家表示,如今剩男剩女当道,主要是都太宅,平日工作繁忙,回家就宅在家里不出门,让现代年轻人很少有机会接触异性。没有条件就去创造条件,白马王子不会从天上下来,要遇到真爱,就要大胆走出去,爱不是等来的。如果你习惯躲在自己的房间,终日在肥皂剧和网络上虚度光阴,那就只能看着别人俪影双双,自己形单影只、自怨自艾。

一个人宅的久了,习惯自己跟自己相处,也就越来越不愿出门,不愿应酬。长此以往,跟人打交道的能力越来越差,也就越发难以将自己"推销"出去。

学学白娘子,看中许仙后制造了多少次偶然邂逅,为了有搭讪的机会还不惜制造一场大雨,让雨伞为媒,成功的将"许木头"收为官人。

女孩子也要主动一点,多出去走走,多参加朋友聚会,多制造街头"邂逅"……多给自己机会,幸福的爱情自然会降临到你头上。

李静因为工作忙,业余时间还忙着学习,一直没有机会接

触到合适的男孩。也有男孩见到她的优秀和漂亮，对她展开追求，可她对那些男孩并没有感觉。她总是遇不到如意的男友。

有朋友"怂恿"李静参加联谊会、单身聚会，她很不屑，认为自己还没有到"剩女"的程度。参加聚会？太掉身价了。

有个周末，朋友硬拉李静去参加一个聚会。因为工作太累，压力很重，李静想借此放松一下也好，于是就去了。

在这次聚会，李静认识了阿宇，一个瘦高而风趣的男孩。因为久坐过度，李静感到很疲劳，阿宇帮她拿东西、照顾她。李静问他是做什么的，阿宇说："卖笑的！"

面对李静的愕然，阿宇对她解释，他是做销售的，每天面对客户，哪能不笑脸逢迎？所以叫"卖笑的"。李静第一次感受到一种别有意趣的幽默。

阿宇给李静的感觉非常特别，和职场上很多呆板正经的男同事完全不同，既幽默又认真，而且也没有那种工作不稳定的小男孩的幼稚。这些都吸引了李静。再后来，阿宇就成了李静的男友。

哪怕不为寻找爱情，女孩也应该多参加聚会，借此多结交一些朋友。多参加聚会，心情也会变得愉悦，精神状态也会随之改变，这种状态又会反过来影响到容貌的光彩，能增加女人获得爱情的筹码。

当然，出去走走也不是让你漫无目的地四处乱走。

下面我们列出了一些最易遇到好男人的爱情胜地，剩女们可不要错过咯。

（1）"红娘"饭局

朋友介绍的涵盖面很大，通过类似"一传十、十传百"的传播效应来结交新的异性朋友，无疑是立竿见影的好方法。朋友的朋友——这是大多数人遇到他们终身伴侣的方式。多参加朋友间的聚会，当你发现心仪的他时，只要有了感觉，不要不好意思，马上让你的朋友帮你安排一次见面，你的朋友就能立刻化身"红娘"。

优点：朋友介绍胜在彼此间知根知底，成功率很高。至少有个传话的，而且还有人认识他，了解他。毕竟，你的朋友不会把一个坏男人介绍给你吧。

（2）亲友聚会

家庭聚会的范围很广泛，如亲友婚礼、小孩满月酒、生日宴会、乔迁宴会等。这些私密聚会都不乏优秀的单身男士出现，如此好机会绝对不能错过，各位单身女人可要睁大眼睛啊。

优点：在这些聚会中，家中的长辈肯定会告诉你谁的儿子是干什么的，怎样的出色，最重要的是他还是单身，有可能还会加上一句"你们俩挺合适的"。此时，倘若你对他有一点好感，不要错过，立马叫亲戚介绍吧。

（3）工作场所

这是近一半的人遇到他们终身伴侣的方式。在父母辈中，曾经有过一个很流行的名词——"双职工"，即夫妻两人均在同一个单位工作。如今随着社会分工与人际交流的扩大化，不管是公司同事，还是你的客户关系、供应商、合作伙伴等等，都是你选择与考察的机会之一。同办公室的男女常因过于熟悉而缺乏吸引力，把眼光放远，不同部门、分公司的同事、客户和供应商，以及一切有工作关系的单身男人。

优点：同一个工作场所，通常在同一个办公楼内，生活习惯、收入水平不会差太多，而且大家又有共同的话题。

（4）单身俱乐部、联谊组织

城市中有这样的一些人，他们无所谓有没有固定的牵头人，也无所谓聚会的对象是不是熟识，却同样向往着遇到意中人。"红男绿女"、"六人晚餐"、"八分钟交友"或者商家"VIP会员俱乐部"都是不错的选择。不那么直接地以相亲的面目出现，而是提供单身社交的机会。即使你没有碰到意中人，也可以结交到好朋友，说不定以后你的终身伴侣就是他们介绍的。

优点：能选择这种方式说明你们最少有一点相同：共同的爱好、接近的社会层次，这些都有可能让你遇到满意的他。

（5）商务聚会

慈善晚会、新品发布会、某某周年庆、画廊酒会等等。这些你经常必须去又不见得有什么新意的地方。为什么不从无聊、重复的工作程序中抬起头来，看看有没有合眼的。可以主动自我介绍，交换名片，留下你的电话号码、QQ、微信号，让他可以找到你。

优点：同一个圈子的人彼此理解起来会容易些。

（6）充电课堂

在充电课堂中，你会发现不少同龄的男性，他们不一定有车有房，但都与你有着相同的兴趣爱好，抱着勤奋踏实的上进心态，并且正在一步步地为实现目标而努力着。这些人大有可能是事业与家庭兼顾的"潜力股"。

优点：学校曾经是个好地方。毕竟，在充电课堂里你遇到的同学可能跟你有类似的背景和兴趣，年龄相仿的比例也比较高。当然也有和你有同样目的的男士，那不更好。

（7）婚介机构，相亲大会

相亲并不丢人，如你还羞于被熟人碰见，你就落伍了。据中国红娘网对2006年至2013年举办的三十余场公益相亲大会的跟踪调查发现，参加相亲大会的女性人数已经远远超过男性，且成功率颇高。所以，你不妨带上你的小姐妹或"亲友团"，大大方方地相亲去吧！

优点：找婚介要根据实力、资质、服务、口碑这四方面综合衡量。通过一家好的婚介公司，借助"红娘"这样的"婚姻经纪人"来找对象，就能起到事半功倍的效果。

5.男人追求，女人"引诱"

很多时候，女人们都会遇到这种情况，他爱你，你也爱他，可是究竟该由谁来挑破这薄薄的一层纸呢？此刻，男人和女人都在打着自己的小九九。对于女人来说，主动，或是被动，哪一种选择更有利呢？有些女人选择了被动等待，就像古代那个守株待兔的老农一样，也许那只兔子会直直地冲向你，你能不劳而获，但是成功的概率并不比彩票中头奖高。还有一些女人以飞蛾扑火之姿将爱的绣球掷在了男人头上，也许你真的赢得了爱情，这自然值得庆祝一番，但是并不排除一种可能，就是你的主动虽然最终使你们确立了恋爱关系，但你却始终处于一种被动的地位，为了维护这段得之不易的爱情，你可能会小心翼翼，如履薄冰。

有些女孩子对男生太好时，很容易把自己放得很低，甚至如同奴仆一般。但是试想，有几个男人会想着去征服自己的奴仆呢？

男人追求的目标，是远远超过自身的存在，是看起来自己追求不到的女人。所以要想他对你感兴趣，一味对他好是没用的。必须用些办法，激起他的征服欲。

你为男人关上了一扇门，就要再为他开一扇窗。

用你自己的方法，暗示这个男人可以来追求你。可以偶尔约会一两次，让他知道你虽然很多人追，但是洁身自好的。让他知道虽然你身处喧嚣之中，但自己还是安静的。以及让他知道，你会给所有人机会，但最终等待的是个执子之手与子偕老的人。

最终目的就是要让他知道，你是他的目标，但不是一个可以轻易征服的目标。而这种目标，恰恰是最能够激起他的喜爱、欲望和斗志的，能让他用尽力气来追求你。

恋爱中的男女扮演着不同的角色，男性使尽浑身解数攻城略地，进退有度，女性控制恋爱火候，使男性保持不断进攻的态势，让男女关系的互动体现得淋漓尽致，和谐美好！

尽管当今社会恋爱态势日趋多元化，但无可争议的是，男攻女守——即男性主动追求，女性挑选接受，仍然是绝对的主流。

这里说的"男攻女守"并非指女性静静等待，不做任何反应以应对男性来进攻。殊不知，征战沙场的勇士虽不惧怕失败，但他会害怕你的拒绝让他颜面无存。如果你对某位异性有好感，高调和主动反而会吓跑男性，没有一个男人会觉得被女人追到手是件值得骄傲的事。

美国著名两性情感专家约翰·格雷在《男人约会向北，女人约会向南》一书中提示，恋爱阶段男女约会的全部要义在于：对男人来说，需要从一点一滴的小事做起，显示他对女人的兴趣与关心；而对女人来说，则需要大方地接受他的示爱、他的付出，并且从这些过程中发现自己是不是真心喜欢他。所以，"男人追求，女人'引诱'"是最佳的情爱策略。

如果你的暗示没有引起男人的兴趣，那这个男人多半对你没有爱意，再怎样的努力也是落花有意流水无情。男人天生喜欢征服，得不到的东西才是最好的。欲擒故纵是猎杀男人最好武器。即使你特别喜欢他，也不要低声下气，落入尘埃般的去苦苦乞求爱情。

女性以"引诱"响应男人的追求，是非常令男人兴奋的。因为男性总在不断地寻找机会证明他能给女性幸福。同时，男性的追求也让女性感觉到，有人正在努力地讨她欢心。这不仅使女性快乐无比，也让男性体会到追求成功的乐趣。在这方面，女性的默默接受好比是提供了一片肥沃的土地，使男性兴趣的种子得以成长。你只需做出允许追求的姿态，把追求的主动权交给男性，这种主动式的被动，会让他追地有成就感，他就会更珍惜你。

张小娴说过："女人的追求其实只是用行动告诉这个男人，请你追求我！意思是拉开架势，垂下鱼线，愿者上钩而已。"而男人们津津乐道的是"以为是我勾引了你，谁知中了你的美人计"。

很多女性总是抱怨，为什么不停地付出，换来的却是男人冷漠的表情和更多的背叛？关键就在于她打破了男人主动、女人被动的情爱游戏规则，剥夺了男人征服女人的天性。

如果女人总想方设法取悦男人，满足男人的每个需求，男人不仅少了那层神秘感，还会在潜意识中要求女人："你还可以为我付出更多"。长此以往，女人一味付出，男人一味索取，男人的主动性变为彻底的被动性，女人的爱情悲剧就不可避免地发生了。

女性朋友们不妨制造出一定的距离和空间，给他某种不确定感。让他花费更长的时间，更深入地关注这段感情，如同大树的根系深深地扎入大地，这样也是为你们将来有可能的婚恋生活打下稳固的基础。

如何让他在追求的过程中有成就感，在互动的情况下享受爱情的甜蜜，让感情不断升温？你需要防守有度，该矜持的时候要矜持，该热情的时候要热情，以守为攻、以退为进，激励对方保持不断进攻的态势，这才是"男攻女守"的核心目的。

万事万物就是这样相生相克，女人越柔弱，男人越刚强；女人越神秘，男人越好奇；女人越躲躲闪闪，男人越主动出击；女人欲拒还迎，男人反倒迎头赶上。有句话说得好：男追女，隔层山；女追男，隔层纱。但大多数男人不怕翻山越岭，因为中间的千难万险反倒让他们感觉到其乐无穷；纱很薄，大多数女人却不愿主动揭开那层纱，因为聪明的女人知道，神秘的面纱要由男人来揭开才更加惊心动魄，更加出神入化，浪漫迷人。

6.从"相亲"到"相爱"并不难

大凡到了适婚年龄却依然留在父母身边的男女，都有过类似的相亲经历。有人说，相亲等于六十分起跳的爱情。遇不到百分之百的爱情，那就找一个六十分的对象，能爱起来就好。

相亲，不是现代社会选择恋人的最佳途径，也不是社会公众最津津乐道的方式，但它的确为不少适婚男女创造了寻找意中人的机会。少一点功利心，多一点对爱情的期待，或许相亲并不像你想象的那样糟。

但是，相亲并不是适合所有的恨嫁女的，先来做做以下测试吧：

拳击是一种强对抗、激烈的男性化运动，但是却也受女性的欢迎。实际上，拳击比赛中最令人欣赏之处，便是在于将对手击倒的那一瞬间的快感。但相反，在拳击赛上下赌注是需要冷静的。只有保持清晰判断的人，才能赢得赌局的胜利。而这种心态和人们在相亲时仔细观察对方的心态是相通的。我们这个测验，就是借拳击赛来诊断一下你是否适合相亲结婚。你在观看一场拳击比赛时，希望看到在哪个回合决出胜负？

1.第一回合便决出胜负。

2.第五回合决出胜负。

3.一直打完比赛。

答案选1的人：如果以100分为满分的话，那么你的相亲适合度只有45分。由此看来，你并不适合相亲，大概是由于生性比较急躁的缘故吧。但急性子的你一旦听到婚姻专家说"今年再不结婚的话，要等10年才有下一次缘分"时，就会迫不及待地四处相亲，几个月之后便火速结婚，这个个性如果不改的话，要小心婚姻变成悲剧呀。

选2的人：不肯冒险去赌冷门，只走可靠路线的你，对相亲也持相同态度。因此，你的相亲适合度高达85分。虽然你的适合性很高，但红娘的功夫也在一定程度上对你相亲成功的几率有影响。

选3的人：你在参加相亲之后会考虑良久，最后可能还是会以一句"你太完美了，我配不上你"来拒绝对方。或许你本人对相亲不甚热衷吧。这也是无可奈何的，所以你的相亲适应度只有20分而已。虽然你现在还很年轻，来日方长，但经验告诉我们，等到想相亲时已来不及的例子不少，所以还是好好考虑吧。

当然这个测试只能作为参考，最重要的是你的内心排不排斥相亲这种古老的形式。一些女孩对于相亲存在偏见，面对父母安排的相亲经常故意让对方难堪，来摆脱相亲。这样的方式并不可取，每个人都有追求真爱的权利，不认可这种形式，但也没必要去伤害他人。

瑶瑶从26岁开始相亲，至今5年了。让瑶瑶难过的是，相亲不难，但接下来的那一步却很难！

见完第一次面，印象不错，那么接下来，有没有人可以告诉瑶瑶，到底是男的该主动，还是女的？是谁比较喜欢谁，谁就该先主动吗？还是作为女人，即使很喜欢，也不该主动？

这时候，通常介绍人的任务已经完成了，如果两个人都不肯再往下走一步，"不了了之"，通常就是相亲路上最常见的"夭折"方式了！

有几次，瑶瑶好不容易鼓起勇气开口："再见一次面吧？"不论是任何原因，只要对方正巧没空，或者口气匆忙、冷淡，瑶瑶心中的自尊一定顿时就碎落一地，吸口冷气赶紧说："哦！没关系！下次再说！"

没关系！真的没关系才怪呢！没有人会对被拒绝无动于衷的！哪里还等什么下次！

三番五次后，尽管瑶瑶很想找到真心喜欢的人，但是一旦对方采取了主动，瑶瑶反倒对他的好感荡然无存了，无论理智上怎么说服自己，说这个人不错，值得继续交往，但感情上就是爱不起来。

一次成功的见面不难，难的是如何把"成功"延续下去。往往，在自由恋爱的时候，不少人用三五年去追寻一段未果的爱情也不觉得可惜，但在相亲时一旦被拒绝就受不了。

原因是他们对"相亲"太先入为主，认为"相亲"以后，对方反应不热烈就是"人家看不上我"伤了自尊。如果不纠正这个认识的误区，那么，很多成功的"相亲"就往往"胎死腹中"了。

其实，"相亲"只是一种让你和他认识的途径。先摈弃那种"被挑选"的感觉，这样，你就不会有"挑不中"的羞愤。

无论男女，自己觉得喜欢的就要主动争取，万一对方拒绝了你，也不要过分敏感，多给对方一点时间，也是给自己一个机会。

如果看中对方了，可在周末，约他去个情调好的地方，如果是还想见几次再做决定的，可约他去肯德基一类的快餐厅吃几次午饭。

一般来说，70%的男人不喜欢高傲和不屑一顾的女人，直接一点、简单一点会让他们感觉轻松。男人是很粗心的，或许他是真的没空，并没感觉到他的拒绝伤害了你，建议你先打听一下他的工作时间，尽量挑他有空的时候约会。

如果你善于言辞的话，下次就找个安静的地方约他谈话；如果你不善讲话，不妨约他去唱唱卡拉OK，用歌声代替心声；如果连歌也不会唱，那么约他看看电影什么的，寻找个适合双方的话题。

另外，相亲之前，多了解一些相亲对象的背景，不但让你可以更容易找到话题跟对方聊天，也会帮助你确定对方是否适合自己。

王梅第一次见到汪洋的时候，天刚好下雨，王梅的鞋子都湿透了，他问了王梅鞋的尺码，让王梅在饭店等他，回来的时候手里提的和王梅脚上同一款的达芙尼女鞋。当时王梅很感动，庆幸自己在相亲的路上终于走到了头了，但是后来，当王梅正式做了他的女朋友后，才发现他是个得到了就不懂珍惜的人，比如，他计划买房子，要买140平米，王梅觉得对目前两个人的经济能力来说，压力太大，100平米左右的房子已经足够，他却说王梅女人头发长见识短，根本不尊重王梅的意见，尤其让王梅不舒服的是每次去他家做饭，他总说王梅的厨技需要提高，说女人就应该懂得怎样满足男人的胃，一点都不像初次见面时那么细心。

王梅原来以为他们会开始一场浪漫的恋爱，可是现在王梅只看到了生活的琐碎。

汪洋的目的并没有错，但是没有和王梅达成共识，他忽略了对方的感受，没有认识到王梅还是一个内心憧憬浪漫的女孩，还不了解自己真正需要什么样的男人，她走向相亲的形式，但实际上心里并没有接受相亲这种实际的方式。因此不能很快地从相亲过渡到相爱。

很多女人觉得相亲不够浪漫，内心非常排斥。但是，如今的生活方式和狭小的生活圈子确实让我们很难遇到心仪的对象。相亲时代不可避免的来临了。相亲类电视节目、相亲网络平台、相亲联谊会……

我们的身边出现了形形色色的相亲形式。其实，相亲只是一种让你快速找到心仪对象的途径，虽然不及邂逅那般浪漫，但我们需要去珍惜每一个机会。

"前世的一千次回眸，才换来今生的一次擦肩而过；前世的一千次擦肩而过，才换来今生的一次相识；前世的一千次相识，才换来今生的一次相知。"漫漫人海，谁知道哪个才是自己的Mr.Right，既然你们因各种因缘机遇被安排见面，总是有缘的，即便他不是对的人，自己也没有什么损失，就权当自己的人生又多一次经历。

第四章

不爱就拉黑，
来是偶然的走是必然的

爱情是双人戏，不能一个人演，徐志摩说："我将于茫茫人海寻找唯一之灵魂伴侣，得之，我幸；不得，我命。"与其迷恋一个并不爱自己的人，不如放开执念，去寻找真正的灵魂伴侣。

1.于你，我是那转身即忘的路人甲

从前有个书生，和未婚妻约好在某年某月某日结婚。到了那一天，未婚妻却嫁给了别人。书生受此打击，一病不起。家人用尽各种办法都无能为力，眼看书生奄奄一息。这时，路过一游僧，得知情况，决定点化一下他。僧人来到他床前，从怀里摸出一面镜子叫书生看，书生看到茫茫大海，一名遇害的女子躺在海滩上。这时，走过来一个人，看一眼，摇摇头，走了……又走过来一个人，将自己的衣服脱下，给女子盖上，走了……又走过来一个人，过去挖个坑，小心翼翼的把尸体掩埋了……

疑惑间，画面切换，书生看到自己的未婚妻，洞房花烛，被她丈夫掀起盖头的瞬间……

书生不明所以。僧人解释道："那具海滩上的女尸，就是你未婚妻的前世。你是第二个路过的人，曾给过他一件衣服。她今生和你相恋，只为还你一个情。但是她最终要报答一生一世的人，是那个把她掩埋的人，那人就是她现在的丈夫。"

书生大悟，从床上坐起，病愈！

书生悟道了什么呢？

爱情要随缘。相识是一种缘分；你们彼此相爱，也是一种缘分；你们最终不能走到一起，也是一种缘分。

千里姻缘一线牵。一对有情人从相遇到相知，从相知到最终相恋相依，或许仅仅缘于一个微笑、一次偶遇，有时甚至会是一个错误——一个美丽的错误。于是，他们牵手人生路，相伴风雨行。人们常说："缘，妙不可言。"

何为缘？

世间万事万物皆有相遇、相随、相伴的可能性。有可能即有缘，无可能即无缘。

缘，无处不有，无时不在。你、我、他都在缘的网络之中。常言道："有缘千里来相会，无缘对面不相识。"万里之外，异国他乡，陌生人对你哪怕是相视一笑，这也是缘。也有的虽心仪已久，却相会无期。

已经到了大龄剩女的年纪，她不得不无奈地去参加家人安排的相亲。然而与他的相识，注定是一场她逃不掉的劫难。

那个咖啡店，她现在还记忆犹新。一个极平凡的男孩，小眼睛，个子不高，微胖。那天，他给她最深的印象便是他那双仿佛会说话的眼睛。也许，那时的他并没有给她留下多少好感，他们的第一次交谈是在他大谈理想中结束的。互留电话后，他们便匆匆离去。

她在心里暗暗思量，这样的男人应该是不会走进我的生活吧！他那双能看穿她心里全部想法的眼睛让她望而却步。殊不知，他是一名销售经理，世事洞明。怎会不知如此单纯的她心里有何想法，有怎样的情愫。

那天之后，他们并无联系。在女孩看来，这似乎只是一场为了应付家人的相亲罢了。直到几天后，他出现在了她公司的楼下，她才知道，他们的故事才刚刚开始。他是来道别的，他不在这座城市工作，过完年便要离开。他们有了一场像恋人般的约会，而此时他们却不是恋人。他们一起吃过饭，看了场电影。那个电影叫《八星抱喜》，也预示着一个喜剧的开始。

此后的几个月，他们回到了各自的生活轨道。原以为再无交集，直到那个"五一"，他再次出现了。这几个月以来，男孩每天无论多晚都会打个电话或发个信息给女孩报声"晚安"。在女孩心里，这个男孩在一点点走进自己的内心，那么不经意，那么毫无征兆。他们终于在那个美不胜收的春天，开始了一场以爱为名的恋爱，像所有恋人一样相爱，享受着爱情带来的一切美好。

那个小长假，他们是在一个青山绿水的旅游景点度过的。她问，你爱我吗？他答，喜欢是淡淡的爱，爱是深深的喜欢。这场短暂的相聚，是那么甜蜜和美好。然而时光并没有因此而放慢脚步，他终究还是要回去，这场分别却比前两次更让她多了一份牵挂。从他踏上火车回去的那一刻，她便收到他的信息——爱你，等我。她答，此生，有你，有我。

当爱情真的悄然而至的时候，距离便成了最大的问题。因为相爱，所以那么希望生命中每一天都有你；因为相爱，所以那么享受青春里每一刻都是你。她或许是痴情，也是无知的。

弃了工作，不顾家人的反对，不顾朋友的相劝，不顾一切地去找他。

　　那个夏天，她身着一袭素衣，带着一份思念，只身一人来到他的城市，为的只是与他相守。那是江南的一座小城，安静得可以听到花开的声音。她与他牵手，走在了她梦里常出现的青石小路上。她与他相拥，奔跑在这如诗般美丽的小城。此生为莲，倾尽一生，只换君一朝相惜便也罢。

　　她在他的公司里做了文员，而他是她部门的经理。她答应他，为了不影响他在员工面前的威严，他们在人前装作陌路人。为这，她觉得自己受了万分委屈，深深相爱的两个人，在众人面前却要装作互不相识的陌生人。

　　朋友劝她不要再痴迷下去，如果他真的爱她，定不会如此待她。而她却甘愿为莲，隐在他身后。因为爱了，便再无回去的路。

　　他是经理，她是员工，他做销售，她是文员，如此他们便无法天天在一起了。于是，她放弃了安逸轻松的文员工作，申请做他手下的一名销售员。他答应了，不知何因，她竟有点失落。可是既然自己做了选择，也便没有什么可后悔的。

　　不知道要经历多少个烈日，她才能完成一个订单。那时受尽了委屈——顾客的责骂，她忍了；家人的不理解、朋友的不联系，她忍了。她用尽全部心思，付出所有精力，为的只是得到他的一张笑脸、一句夸奖。

　　时间久了，同事还是知道了他们的关系，纷纷送上祝福，她幸福地笑了。因为此时的她, 已经有资格站在他面前了, 她的业务能力得到了大家的认可, 她的销售业绩在团队里名列前茅。或许, 故事到这里, 应该有一个好的结局, 男人一定会为女孩的努力而感动。但这是一场从一开始就注定错误的相遇。

他们之间的关系在一天天地变质。男孩并非细心人, 常常因为工作忽视女孩。而让女孩最难容忍的是, 他在所有员工面前对她大呼小叫, 刚开始女孩很理解这是为了工作, 故意要在同事面前树立威严。可男孩却变本加厉, 一次又一次地拿女孩开刀。她渐渐地凉了心, 对他的爱失望了, 而男孩对此却没有丝毫察觉。

爱情变质了, 人便离了心。女孩开始变得多疑, 她开始翻看男孩的手机、QQ。

她觉得男孩也开始对她冷淡, 嫌弃女孩怀疑他、不给他自由、不给他面子, 争吵越来越多。

这场以爱之名开始的闹剧终于在一个情人节的前夕宣告结束。一次争吵过后, 她问:"你还爱我如初吗?"他答:"我们不能结婚了。"只此一句话, 女孩便明白了一切。明天便是情人节, 他答应过送她一个玩具娃娃, 然后再带她去看一场只属于他们的电影。在这个城市, 她只有他, 他们分开的那天是情人节。

她没有告诉任何人, 简单的行李, 带着一颗受伤的心离开了。这场爱情多么可笑, 是他亲自送她到车站的。车站上人潮如海, 而此时她却只能看着眼前人, 转过身去, 他没有看到她流泪的双眼。她问："你还会来找我吗？"他答："也许会吧，也许不会。"她问："会是多久？"他答："也许几个月，也许几年。"她说："一转身便是一辈子，缘尽于此，别过吧。"

最终，他没有等到车来便先离开了。她望着他衣袂飘飘的离去，心中默语：此间不见，便可不爱；此心不念，便可离心。

再见，再也不见。于你，我是那转身即忘的路人甲，怎与你执手走天涯。从此离去，便再无归期。于我，你是那朝圣路上的过客，只此一眼，却是一生。

2.要走的人你留不住，就如装睡的人你叫不醒

人这一辈子不可能只爱上一个人，对感情的忠贞和专一也不等于盲目坚持或是固执己见。该失去的东西早晚都会失去，既然是错误就不要再苦苦支撑。放开握紧的手，让那不该属于自己的感情随风而去，这也能还自己一片清新自然的天空。当对一个人寄予过高的希望，你的爱就成了一种压力；当对一段感情过于执著，你的内心就会变得偏激甚至癫狂。

所以，人要有放手的胸怀，要有改变现状的勇气，更要有

重新寻找真爱的信念。俗话说,人不能在一棵树上吊死。更何况我们的生活本来就是一片充满生机和希望的大森林,何必对那些不值得的人过分执著,而让自己输掉了整片森林呢?

在一次朋友的聚会中,阿娟偶然认识了一个男孩。两个人一见如故,很快便坠入了爱河。三个月后,两个人开始了同居生活。

起初,两个人的感情发展得很顺利,男朋友对她也是特别宠爱,两个人经常在一起畅想甜蜜的未来。比如买多大的房子,生几个孩子,有时候两个人一边讨论着一边相拥着笑作一团。这是阿娟第一次正式交男朋友,也是有生以来第一次品尝到爱情带来的满足和幸福。在她的内心早已笃定,男友就是她今生一定要嫁的人,所以她把自己所有的希望都寄托在这个男人身上。

但随着两个人相处的时间越来越久,彼此的缺点和毛病也都显现出来了,由此矛盾和争吵也出现了。随着争执越来越多,男友对她逐渐冷漠了。有一天,阿娟回家时竟然看到男友正在收拾行李准备搬出去住,她赶忙上前阻拦,可最后还是眼睁睁地看着男友甩门而去。出门前男友告诉她,他们两个人不合适,所以还是分手吧。

坐在空荡荡的房间里,阿娟的内心感到了从未有过的恐惧和孤独。她就是想不明白,一直相处得很好的两个人,怎么能随随便便就分了呢?她觉得自己的生活里不能没有男友的陪伴，她也相信男友还是爱她的。于是，执著的阿娟决定到男友上班的地方去找他。

也许是对方故意不愿意见她，阿娟在外面足足等了一天也没有看到男友的身影。就在她精疲力竭的时候，她收到了男友发来的短信："娟，我已经不爱你了，所以我希望你不要再来打扰我的生活。祝你幸福！"

看了短信，阿娟像疯了一样咆哮着："怎么能说不爱就不爱了呢？我不信！我不信！她哭着飞奔回了家，一头倒在床上哭了一晚上。等情绪逐渐平静下来，她又开始思考起他们的问题。她觉得既然是真爱就不应该随便放弃，即使因为一些矛盾让两个人之间暂时出现了隔阂，但只要坚持，他们也一定能够和好如初。所以她决定再次到男友现在住的地方去找他。

走在路上，她的脑海中一直计划着让男友回心转意的各种方法，必要时甚至可以以"死"相逼。可当她走到男友家的楼下时，却被眼前的一幕惊呆了：她看到男友正在和一个女孩甜蜜地抱在一起。阿娟觉得自己整个人都快爆炸了，她不顾一切冲了过去，狠狠地扇了那女孩一耳光，并冲她大喊："为什么抢我男朋友？为什么抢我男朋友？"

突如其来的一记耳光，让两个人都吓呆了。待缓过神来，男友愤怒地将阿娟推倒在地上，并恶狠狠地对她说："你有病啊？不是早和你说清楚了吗？你怎么还纠缠不放呢？看把我家宝贝打的……哎哟，亲爱的，还疼不疼，快让我看看。"而倒在地上的阿娟看着他们如胶似漆的样子，再一次疯狂地扑向了他们……

因为推搡和争斗,当阿娟走在回家路上时已经是衣冠不整、头发凌乱了,脸上和身上也都沾满尘土。她就像是丢了魂,觉得心里空空的,已经完全看不到生活的希望。于是,她想到了自我了断。她坐在河边的长椅上,心中感慨万千。她真的已经很累了,只想就这样跳进水里结束自己的生命,让自己从这痛苦中解脱出来。可她似乎又缺少一点勇气,所以在河边呆呆地坐了很久。

做清洁的大婶似乎看出了阿娟的情绪有些异常,于是赶紧过来坐在了阿娟的旁边,语重心长地对阿娟说:"小姑娘,虽然大婶不知道你遇到了什么事,可人活着不管遇到什么事都得往开处想。你看你那么年轻漂亮,你的未来一定会很美好,更何况你还有爸爸妈妈和那些爱着你的人,你可千万不能做傻事啊!"听了大婶的话,阿娟扑进大婶的怀里,号啕大哭了起来。

爱情是生命中非常重要的组成部分,可是,不管爱情有多重要,它也不能成为生活的全部,更不能因为它而断送自己未来的幸福,甚至结束自己的生命。有些人注定是我们生命中的过客,如果他们选择了离开,则只能说明他们不值得我们去珍惜。让自己重新抖擞精神,继续上路去寻找真正属于自己的幸福,这何尝不是一种对自己负责的表现?不要执著于某个人而不肯放手,最后弄得两败俱伤,甚至把自己逼到了绝境。

在罗丹第一次见到克洛岱尔时,就爱上了她。这一半由于她那带着野性的美；另一半则由于她罕见的才气。而同时，克洛岱尔也主动地向这位比自己年长24岁的男人，敞开了自己纯净和贞洁的少女世界。这完全是由于罗丹的天才吸引了她，因为男人的魅力就是才华。罗丹的一切天性都从属于雕塑——他炯炯的目光、敏锐的感觉、深刻的思维，以及不可思议的手，全都为了雕塑而生，而且时时刻刻都闪耀出他超人的灵性与非凡的创造力。虽然当时罗丹还没有太大的名气，但他的才气已经咄咄逼人。于是，他们很快地相互征服。正当盛年的罗丹与洋溢着青春气息的克洛岱尔，如同疾风暴雨，烈日狂潮般，一同拥入他们爱情的酷夏。同时，罗丹也开始了他艺术创作的黄金时代，而克洛岱尔不过是青涩的学生。

对于克洛岱尔来说，她所做的，是要投身到一场需付出一生代价的残酷的爱情游戏中去。这是一场赌博。因为，罗丹有他长久的生活伴侣罗丝和儿子，但是已经跳进漩涡而又陶醉其中的克洛岱尔不可能回到岸边重新选择。她和他只得躲开众人视线，在公开场合装作若无其事的样子，寻找任何一个可能的机会，一点空间和时间，相互宣泄无尽的爱与无法克制的欲望。从学院小路到大理石仓库，到莺歌路的福里纳布尔别墅，再到佩伊思园……在工作室幽暗的角落里、在躺椅上、在满是泥土的地上，两个人沉浸在无比美妙的情爱中。

罗丹曾对克洛岱尔说："你被表现在我的所有雕塑中。"可以看出，克洛岱尔不仅给罗丹一个纯洁而忠贞的爱情世界，还给了他感悟艺术的一切。无论是肉体的、情感的，还是心灵的,克洛岱尔给罗丹的太多了。

后来,罗丹名扬天下,克洛岱尔却一步步走进人生日渐昏暗的阴影里。克洛岱尔不堪承受长期厮守在罗丹生活圈外的那种孤单与无望,这种感觉竟纠缠了她15年,最后精疲力竭,颓唐不堪,终于离开了罗丹,迁到一间破房子里,离群索居,她拒绝在任何社交场合露面,天天默默地凿打着石头。尽管她极具才华,却没有足够的名气。人们仍旧凭着印象把她当作罗丹的一个弟子,所以她卖不掉作品,贫穷使她常常受窘并陷入尴尬,还要遭受雇来帮忙的粗雕工的欺侮。这期间,罗丹却已接近成功。他属于那种活着时就能享受到果实成熟的艺术家。他经历了与克洛岱尔那种迎风搏浪的爱情生活后,又返回平静的岸边,回到了在漫长人生之路上与他分担过生活重负与艰辛的罗丝身旁。他买了大房子,过起富足的生活,并且又在巴黎买下了文艺复兴时期的豪宅别墅,以应酬上流社会那些千奇百怪、光怪陆离的人物。这期间,还有几个情人曾进入了他华丽多彩的生活。当然,罗丹并没有忘记克洛岱尔。他与克洛岱尔的那场轰轰烈烈、电闪雷鸣般的恋爱是刻骨铭心的。他多次想帮助她,都遭到高傲的克洛岱尔的拒绝。他只有设法通过第三者在中间迂回,在经济上支援她,帮助她树立名气,但这些有限的支持对于克洛岱尔而言,都是一种屈辱,是一种更大的伤害。

在贫困与孤寂中,克洛岱尔真正感到自己是个被遗弃者了。这种感觉对于她而言如同刀子,往日的爱与赞美也都化为了怨恨。她本来激情洋溢的性格,逐渐变得消沉下来。

1905年克洛岱尔出现妄想症，身体很坏，脾气乖戾，狂躁起来会将雕塑全部打碎。1913年3月3日克洛岱尔的父亲去世，克洛岱尔已经完全疯了。她脱光衣服，赤裸裸披头散发地坐在那里。

克洛岱尔从此与雕刻完全断绝，艺术生命就此完结。1943年，她在蒙特维尔格疯人院中去世。

在疯人院里保留的关于克洛岱尔的档案中注明：克洛岱尔死时没有财物，没有任何有价值的文件，甚至连一件纪念品也没有留下，克洛岱尔自己也认为罗丹把她的一切都掠走了。那么克洛岱尔本人留下了什么呢？卡米尔·克洛岱尔的弟弟、作家保罗在她的墓前悲凉地说："卡米尔，你献给我的珍贵礼物是什么呢？仅仅是我脚下这一块空空荡荡的土地？虚无！一片虚无！"

面对逝去的感情时，许多人都只看到了它曾经的美好，只有被这样的感情弄得遍体鳞伤时才明白，原来爱情不仅仅只有美好的一面。其实，谁能保证一生只爱一个人，分手是再正常不过的事情。面对失恋，如果总深陷其中，总想做最后的挣扎，甚至认为自己不能生活得幸福，那么谁也别想幸福，在这种念头下，做着最疯狂的事情。这些都是再愚蠢不过的行为。

人这一辈子就像是一条河流，在险滩的时候，你遭遇了激流，因此，你便学会了在日后的风雨中如何搏击。成长就是这样一种经历，当蜕皮的痛苦渐渐淡去，你拥有了重新去爱的能力，蛹化成蝶的日子也就不期而至了。

3.走不进的爱情就在下一个路口转弯吧

俗话说："天涯何处无芳草。"这句话并不是说一个人应该花心，而是提醒人不要在一份不属于自己的爱情上迷失，应该移开自己的目光，去寻找那个真正属于自己的人。

棠景是个痴情的女孩，上大学的时候她就爱上了同校的江滨。为了赢得江滨的好感，棠景帮江滨洗衣服，买生活用品，江滨每次参加校内的篮球赛，棠景都会去看。虽然江滨告诉棠景自己还不想恋爱，但棠景相信，只要自己真心付出就能等来江滨的爱。

离开学校后，江滨在市内一家公司做技术工程师，棠景为了能够和江滨在一起，毅然放弃了父亲在家乡为自己找的工作。她下班后经常去江滨单位附近等他，有时周末还主动煲汤给江滨送去，可是落花有意流水无情，终于有一天，江滨告诉棠景，他有女朋友了。这个消息让棠景无法接受，她哭过、闹过，可事实终究无法改变。再后来，江滨与女友结婚了，棠景的希望彻底落空了，她带着满心的痛苦回到了家乡。在没有江滨的城市里，棠景依然无法忘记这个自己深爱着的男人。无论谁给她介绍男友，她都断然拒绝……直到遇见了徐正。

徐正是个画家，棠景是在一家咖啡店里与徐正相识的。他们第一次见面的时候，徐正送了她一幅画，就是棠景在咖啡馆里沉思的一幕。那一次，她竟然感觉被关注是如此幸福……经过几个月的相处，棠景发现徐正和自己如此投缘，而且和他在一起的日子渐渐使自己忘记了曾经的不快乐。

不论一个男人有多么优秀，多么有才华，多么让你难以割舍，但是他不爱你，他的心不在你这里，就算他有一万个优点，"不爱你"也成了他最大、最不能原谅的缺点。失去这样一个男人，根本没什么值得难过和惋惜的。

生命不需要无谓的执著，渴望真感情是允许的，渴望有人陪伴也是无可厚非的，但爱情不是单相思，你的一相情愿只能给被爱之人带来负担，如果他被迫接受，那么两人只能同时痛苦。你喜欢一个人，但他不一定会喜欢你，爱情仅存于两人之间。爱的专一，是指那种被接受的爱，而不是不被接受的爱。如果是后者，还是早点放弃的好。

杏子与男友交往期间，平淡如水。两年内，两人外出约会的次数更是屈指可数。男朋友既不殷勤也不浪漫，有时借口说忙，一两个星期不打电话也是常有的事。但是，爱情没有道理可言，即使是这样，杏子仍然是全心全意地爱着他。

在漫长的等待中，在一次又一次的失约中，杏子哭过，气过，也怨过。但是，男朋友一旦邀约，她还是会收拾好泪眼和心情跟他出去。朋友都劝杏子放手，为一个不懂得珍惜自己的男人如此付出, 实在不值。因为朋友们都看得出, 男方并不珍惜这段感情, 游戏的心态明显。但杏子却舍不得, 对自己的爱情抱着幻想, 以为他不忙的时候就会在乎自己了, 以为他们的爱情会出现转机的……

就这样, 一拖再拖, 又是两年过去了。青春也在一次又一次的空等中, 伤心落泪中漫漫消失, 直到后来男方主动以不愿耽误她为由, 分手了。分手后不久, 杏子由于不再辛苦等待, 心情也不再被人所牵系, 再加上朋友的劝导, 她慢慢地想通了, 整个人也变得豁然开朗了, 心情一好, 气色也跟着红润许多, 她回想起之前的自己, 才发现当时的愚昧, 而现在又是何等的轻松快活。

当一个你深爱的男人离开你时, 你感觉自己的小世界在瞬间崩塌了, 在心情跌落到谷底的同时, 天空也随之变得灰暗。这个时候, 如果你能很快调整, 咬牙挺过最煎熬的那几天, 你会惊讶地发现, 原来自己的人生依旧精彩, 抬头是晴空万里, 前方是花红柳绿, 之前失去的根本不是整个世界, 而不过是一个不爱自己的男人罢了。

是的, 有许多人注定是你生命中的过客, 擦肩而过的瞬间, 他也许会带给你短暂的快乐, 但他却不是那个能与你携手共度一生的人。

4.不爱就拉黑，得不到就放手

在生活中，当爱成为彼此间的一种束缚时，一定要学会放手，给彼此充分的自由，这样才能在对方面前保持起码的自尊，才能让爱成为生命中的一种永恒的美丽。

怡珊曾经是个坚强勇敢的女孩，很多朋友甚至称呼她为"男人婆"。

上中学时，有一次上体育课练习跳远，因为落地时没有站稳，她重重地摔在了地上，鲜血顿时从头顶上流了下来，染红了她的上衣。老师慌忙将她送到医院，大夫在她的头顶上缝了好几针。所有在场的人都吓坏了，可是，怡珊在整个过程中竟然没有掉一滴眼泪。

大学军训时，有一天在野外露营，一条小蛇意外地闯入了营地。女生们吓得四处逃窜，很多男生也都躲得远远的。可怡珊仿佛不知道什么是恐惧，她慢慢地走过去，轻轻地抓住了蛇的颈部，然后把它放在了距离营地很远的一棵大树上，嘴里还喃喃地说道："小家伙，以后不要乱跑了。"

怡珊的第一份工作，是在一家规模很小的公司。由于公司刚刚起步，为了节约成本，公司的每一名员工都要亲自去送货，怡珊像男同事一样，搬着大大小小的箱子东奔西跑。

就是这样一个勇敢坚强, 天不怕地不怕的姑娘, 却在感情面前败得一塌糊涂。

在怡珊26岁生日那天, 男友向她提出了分手。这是她第一次经历感情的挫折, 那种难以忍受的痛苦彻底将她击垮了。

她也曾试图去挽救这份感情, 也曾无数次拨通男友的电话, 可不管她如何苦苦哀求, 男友都没有回心转意。她把自己与男友的合照全部挂在屋子里的墙壁上, 每天把自己关在房间里呆呆地看着这些照片, 时而哭时而笑。她把他们以前甜蜜的经历, 写成了一部十几万字的笔记, 并邮寄给了男友, 希望以此来感动他, 可最后男友连一眼也没看, 将本子撕了个粉碎。

她在以前经常和男友约会的小公园里, 呆呆地望着那些熟悉的花花草草, 回忆着他们过往的点点滴滴, 隐约之间还觉得男友就在她的身边。她精神恍惚地在那里待了两天两夜, 等到被公园的保洁员发现时, 她已经晕倒在花坛边了, 可嘴里依旧呼唤着男友的名字, 依旧不停地念叨着: "我舍不得, 真的舍不得……"

后来, 她听到了男友即将订婚的消息, 又一次崩溃了。但是这一次, 她没有哭也没有闹, 而是表现得异常平静, 平静得让人感到害怕。她一个人来到了酒吧, 喝得酩酊大醉。她给男友发去一条短信: "我在咱们以前常去的酒吧等你, 如果今晚你不来, 也许以后你再也没机会见到我。"

可是最终, 男友还是没有来。她给男友写了一封信, 交给了酒吧的服务员。那封信的最后一句是这样写的: 既然没有未来，就让我永远活在回忆中吧。万念俱灰的她独自一人走进了酒吧的洗手间，用提前准备好的刀片，向着自己的手腕划去。

幸好，酒吧的服务员察觉到了她的异常，提前有所防备，最终才避免一场悲剧的发生。当人们把她救下时，她手里紧紧攥着的是他们的合影……

也许，再坚强的人，也会有弱点。无论是一段感情，还是一次机遇，错过了就是错过了。不管你如何痛苦和备受煎熬，不管你如何依依不舍，失去的东西也永远不可能再拥有。总是活在过去，让自己耿耿于怀，其实就是在自我伤害。

人不能总是盯着失去的东西，也不能紧紧地攥着那些曾经的回忆不肯放手。既然已经不再属于你，既然已经不可能再挽回，你再去苦苦相逼又有什么用？你再念念不忘甚至最后让自己走向绝境又能有什么意义？难道这已经注定的结局会因你的痛苦而发生改变吗？

生命不就是这样吗？遇见了，一路相伴，那个人教你学会爱，学会生活，学会付出，学会幸福。即使他走了，你还有追逐幸福的权利，还要学会继续寻找爱，付出爱，获得爱。

不是每一朵花都能够如期地开放，也并非每一朵开过的花都能结出果实来。对于感情来说，当你爱一个人而得不到回报的时候，在你付出千般努力也无法得到一个许诺的时候，在你因爱而受伤的时候，千万不要再继续与自己较劲了，要学会放手，给彼此自由。否则，带给你的只有无尽的痛苦和烦恼。

普希金是俄国著名的民主主义战士，也是俄国历史上极为有名的诗人，深得广大人民的喜爱。可是，一个才华横溢的生命，却在一场爱情的变故中消失，几百年来，仍然让人感到惋惜。

1828年，普希金在一个舞会中认识了18岁的娜达利娅。这位漂亮的女孩子犹如刚刚开放的玫瑰，娇艳欲滴，清香诱人。多情的普希金见到之后魂不守舍，认为这就是自己寻找陪伴终生的另一半。当场向娜达利娅求婚，但遭到了拒绝。普希金并没有因为这次的失败而退缩，开始了漫长的追求过程。终于在1830年的时候实现了心中的梦想。才华出众的普希金和倾城倾国的娜达利娅结合，得到了朋友们的祝福，认为这是郎才女貌的天作之合。

结婚之后，普希金陶醉在了幸福之中。而向妻子表达爱意的方式就是他视之为生命的诗歌。可惜，妻子对他的才华并不感兴趣，柔情的诗句在她听来和枯燥的公文一样乏味。有一次，几个朋友来普希金家，朗诵普希金写过的诗歌，娜达利娅只是礼貌地听着，客气而又冷漠地说："朗诵你们的吧，反正我也不听。"她对诗歌的冷淡让朋友们面面相觑。

普希金虽然满腹经纶才高八斗，可是妻子却只是贪图物质享受，爱慕虚荣。两个人在一起，很难找到共同语言。当普希金把这位貌若天仙的女子娶进门后，幸福的日子持续了没有多长时间，就被娜达利娅无尽的欲望折磨的疲惫不堪。

为了维持妻子体面的生活，普希金在短短的几年之内就欠下了六万卢布的巨额债务。高额的债务把这位浪漫的诗人压得抬不起头来，频繁的应酬使他丧失了宝贵的写作时间。他在给朋友的信中写道："对生活的操心使我没时间感到寂寞，我已经没有单身汉时的自由自在地用来写作的时间了。我的妻子非常时髦，这一切都需要钱。而钱我只能通过写作来获得。而写作需要幽静，单独一人……"然而，作为家庭主妇的娜达利娅却从不关心丈夫的感受，继续出入于各个交际场中，享受着糜烂的生活。

娜达利娅看到当初崇拜不已的丈夫是一个穷光蛋之后，开始了对他漫长的抱怨。后来感到这位只懂得长吟短叹的诗人无法再支撑她所需要的生活之后，便和一个军官打得火热。妻子的变心让自尊心很强的普希金无法接受，决定采用西方特有的方式，和那个军官决斗，捍卫自己的爱情和尊严。在1837年1月27日，两个人的决斗在彼得堡外的黑山进行，在决斗中，普希金的心脏停止了跳动。他的死，让朋友们感到十分的伤心，也让俄国的文学史上失去了最灿烂的明星。

爱情是美好的，人类几千年的历史留下了许多让人热泪盈眶的悲欢离合。一个个美丽的传说激励鼓舞着我们在情感的道路上寻找一份内心深处的幸福。可是，命运总是喜欢捉弄感情丰富而又十分脆弱的人们，小心翼翼地呵护着的情感，瞬间化作了过往云烟，留下一个个孤独痛苦的身影在黑夜里徘徊，巨大的心灵创伤让多少痴情的种子暗自饮泣，痛不欲生。生活中的我们，很可能会因为爱情的挫折，丧失了生活的信心，失去了寻求幸福的心情，过着以泪洗面的痛苦生活。在这个时候，我们应该从爱情的心酸之中，选择一种理智的思维。情感生活是重要的，却并不是生命的全部，我们应该及时地抽出身来，告别内心的伤痛。毕竟，生活的道路还很长，生命中还有很多值得欣赏的风景。

人生的风景并不是只有一处，在你为逝去的美景哭泣的时候，眼前可能是一幅更美的画卷。不要沉醉于过去的情感，失去了意味着这段情感不适合你，一段更好的感情正在等待你。不向前看，你怎能看到眼前的美景？不放下过去，你怎么会获得自由？

人生犹如一部戏，我们每个人都是戏里的主角，每个人都不可能把自己的角色演到极致而不留一丝遗憾，没有遗憾的人生不是完整的人生。放下过去，还给彼此自由，让彼此生活得更好，这才是真正一段完美的感情。所以，当你被某些事情缠绕得心力交瘁的时候，一定要告诉自己：只有放下，才能重获快乐和自由！

5.原来，你的世界我只是路过

　　人生的路上，爱，妙不可言。爱情是盛开在青春岁月里的一朵玫瑰，芬芳，娇艳。可是，有些人却爱得身心疲惫，伤痕累累，这样的爱情是开在深夜里见不得阳光的"恶之花"，改变了爱情原有的面貌和滋味。

　　爱上一个不该爱的人，为什么我们还要爱呢？明知他有家室，给不了自己未来，却依然不管不顾的投入他的怀抱，自己的行为无异于飞蛾扑火，结局是可想而知的，有的时候说自己爱他就足够了，不要求他给你婚姻，但是没有未来的爱情是不可能圆满的，为何要用爱情的名义来伤害自己呢？

　　云结婚七年了，虽然生过孩子，但是身材并没有走形。她每每在浴室欣赏自己身体的时候，都忍不住抱怨自己的老公。她的老公不善言辞，她曾经好几次穿了新衣服，在老公面前摆出各种造型，向他要一句赞美的话，老公先是敷衍，后是不耐烦，对她说都老夫老妻了，还弄那些花样干啥。

　　有一天晚上，云再次穿上新买的靓丽衣服，盯着自己美妙性感的身影顾影自怜了一会儿。然后就去上网了。她无意中进入了一个自拍论坛，论坛里很热闹，那些点击率较高的自拍，几乎清一色都是关于新衣展示的。她暗暗佩服那些女人的勇气，因为不少人的身体条件并不好, 可是跟帖却几乎是清一色的赞美。这让她不由想到了自己, 假如是自己, 会不会更胜一筹?

接连几天, 云都在那个论坛流连, 看到又有不少网友发了新的自拍照片, 在云的眼中也不过如此, 却赢得了大家一致的称赞, 她开始按捺不住了。

于是, 趁老公出差不在家的时候, 云自拍了一张自己非常钟爱的照片传到了论坛。没有想到, 竟然获得了很高的点击率。赞美像潮水一样涌来, 在这些赞美声中, 云忘记了丈夫对她的熟视无睹, 虚荣心得到了极大的满足。

云想到了现实中被人忽略的失落感, 于是就越发地喜欢来逛这个论坛, 并发了不少自己的照片。看到那么多的赞美之词, 云深深地陶醉了。一时间, 很多网友都主动留下了自己的QQ号码, 要和她交朋友, 她的论坛留言信箱里挤满了网友的信件。那一刻, 她领略到了现实生活中从未领略过的骄傲和成就感。

在众多的网友中, 有一个署名为风帆的男人几乎每次都在她上传照片的第一时间给她留言, 而且他的话总是简洁有力透着万分热情。后来他们渐渐熟悉了。与风帆的聊天让云感到了从来没有过的满足感, 他热情、率直、幽默, 很会讨女人欢心。最初的时候, 云也只是偶尔地和他聊几句, 但是渐渐地不知道为什么, 他的身上好像有一种魔力, 让云迷上了他。云甚至有时候会幻想, 如果自己的老公能像风帆一样懂得欣赏自己就好了。

可是，现实中的老公还是老样子，每天似乎都不会多看她几眼，更没有说过什么赞美的话，即便是晚上到了亲昵的时刻，还是一样寡言少语，丝毫没有激情。

转眼几个月过去了，云和风帆在现实生活中见面了，风帆的高大帅气，让云沉沦了。这之后他们经常偷偷约会，终于在某次约会的时候被云的老公撞见了。随后云和老公很快办理了离婚手续。云再去找风帆的时候，风帆的手机一直关机，连家也搬走了。直到这时，她才明白，其实她和风帆交往这么久，除了知道他的QQ号、手机号，其他的情况一概不知，更不知道他是否已经结婚。

与爱情应有的美好、甜蜜不同，第三者的爱情更多的是痛苦、无奈、煎熬甚至自责等。有人把第三者的爱，比做毒酒，常让饮者含恨，他们的结局往往超过爱情本身，甚至惨烈到令人叹息。越是这样，越是让他们欲罢不能，不认输、不甘心，为什么我的爱情会是这样？最后，一步步变得偏执而冲动。爱，一旦变成怨和恨，就是一把锋利的刀了。伤人，也伤己！

莱温斯基没有进入白宫实习以前，克林顿就是她崇拜的偶像，有朝一日能与美国总统克林顿同在白宫工作，是她人生最向往的事情。然后，她成了白宫实习生，终于有一天，她见到了风度翩翩的克林顿，那时，他是美国历史上最年轻的总统，克林顿第一次见到了莱温斯基时，也是对她的美貌"眼睛一亮"。

就是这"眼睛一亮"让莱温斯基"想入非非"整夜失眠，她总是主观地想，总统其实对她有意思的，于是，在她第二次因工作见到总统时，对他开始放电，她爱上了他。

克林顿感觉到了莱温斯基与众不同的眼神，很快他们相爱了。但是，很快，克林顿就将她忘了，她被迫离开了白宫。

莱温斯基痛苦得发疯，把事情与一位同在白宫工作的同事说了出来，那同事又找到了媒体。很快，全世界都知道了。克林顿开始否认他与莱温斯基有染，但最后在事实面前，他不得不承认。

克林顿为此陷入政治危机。但是，他的妻子希拉里此时挺身而出，事后，克林顿继续风光地做他的总统，没有人指责他的不是，但这件事留给莱温斯基除了骂名，没有一点好处。

人的一生会面临很多选择，有些事情可以做，有些事情不可以做。爱情也是一样，有些爱情是不被允许的，一个自尊自爱的人不会去做第三者。女人要管住自己的心，理智地控制感情，不要沦为感情的奴隶。自己的青春没有必要浪费在一段阴暗的爱情中，不做第三者，既是尊重别人，也是尊重自己。不必徘徊于这样的恋情，只有属于自己的感情才会让自己幸福一生。当女人遇到错误的恋情时，聪明的女人懂得放手，懂得从第三者的队伍中把自己拯救出来，懂得忘掉伤痛，去寻找属于自己的爱情。

6.爱情在没在，并不妨碍你是否幸福

在很多人眼里，爱情是他们人生中很重要的一件东西，他们可以为了爱情放弃事业，放弃亲情，放弃友情，甚至放弃自己的生命。顺治皇帝在自己的爱妃去世以后，看破红尘，出家为僧；罗马尼亚国王卡罗尔二世曾经为了爱情两次放弃王位，带着心爱的人流亡国外。可见，爱情的力量是很强大的。

然而，英国哲学家培根说过："过度的爱情追求必然会降低人本身的价值。一切真正伟大的人物，没有一个是因为爱情而发狂的人，因为伟大的事业抑制了这种软弱的感情。"可见，在培根眼里，对一个人来说，最终要的东西是事业，而不是爱情。爱情的确可以带给我们幸福和快乐的感觉，但是，我们也应该正确地对待爱情，正确地认识它在我们人生中的地位。即便没有爱情，我们也应该让自己过得幸福、快乐！

紫杉是一个美丽聪明的女孩子，上学期间学习成绩一直都很好，是老师和家长眼中的乖乖女。上大学期间，因为父母经常告诫她不要谈恋爱，还是学习比较重要，乖巧的紫杉听从了父母的劝告，大学期间一直没有谈过恋爱，把时间和精力都用在了学习上。因此，每次考试紫杉都拿一等奖学金，每年都被评为优秀大学生。没有爱情的大学生活，紫杉过得也很充实，很开心。大学毕业以后,紫杉进了一家外企工作。从紫杉刚进公司那天起,公司一个叫林的男生就被清纯、美丽的紫杉吸引了,于是,称得上是情场老手的林对紫杉展开了追求。紫杉从来没有谈过恋爱,加上林又很善于甜言蜜语、温柔体贴的"伎俩",不久,两个人就开始交往了。可是好景不长,林渐渐厌倦了紫杉,觉得她太不成熟,还没交往多长时间她就吵着要去见家长,还总是絮絮叨叨说一些结婚生子之类的话题。林觉得自己还年轻,不能就这样被一个女人套住一辈子,于是,他和紫杉提出了分手。听到林这个决定的时候,紫杉当时的感觉真如五雷轰顶,这个打击太大了,她几乎把自己以及自己的未来都寄托在林的身上了,如今他却提出分手,还说什么大家都是成年人了,很多事情不必太当真。紫杉一下子就病倒了,整整半年的时间,她的意志一直都很消沉,想起那段经历就觉得痛不欲生,工作也早就辞掉了,整天把自己锁在房间里,茶饭不思,亲人朋友怎么劝说她都听不进去。到最后,一米七多的紫杉居然瘦到了七十多斤。就这样大约过了七八个月,紫杉终于醒悟了,她觉得自己不应该为了一段不美好的感情和一个不负责的人而折磨自己,于是她开始大口地吃饭,开始制作简历,开始找工作。

找到工作以后,紫杉把自己的全部精力都投入到了工作中,她的事业很快就有了小小的成就。每天下了班她都要去健身房健身,周末的时候和同事们去逛街,或者回家陪陪父母,放长假的时候就去旅游,出去走走,看看不一样的风景和人,放松一下自己的心情。最后，紫杉发现，没有爱情的日子也很快乐和幸福，她感觉到了久违的轻松和自在，也渐渐找回了曾经的自信。紫杉很享受自己现在的单身生活，她也不再去刻意追求爱情，她想什么时候缘分到了，自己一定会遇到适合的那个人。

没有爱情的生活，照样可以很幸福。没有爱情就享受自由的快乐和亲情的温暖。没有爱情的日子同样可以成为我们独特的值得珍惜的人生经历。

安娜是个离过婚的女人，现在自己带着一个女儿生活。她回忆自己刚离婚的时候的生活，用"不堪回首"来形容，她说那时候简直觉得生活跌入了深渊，四处都是黑洞洞的，看不到一丝光明和希望。她甚至都想过结束自己的生命，但是看到可爱的女儿，她又重新鼓起了生活的勇气。她离开了原来生活的城市，"本来就不是自己的故乡，当初是因为爱上前夫，才留在那个城市的。"安娜说。她带着女儿来到自己一直向往的城市——昆明，在一家国际性的连锁公司找到了一份工作，这家公司的顾客主要都是女性，她在那里认识了很多和自己有着相似经历的女性，她从她们那里学到了很多东西，最重要的是她懂得了没有爱情的生活也可以很快乐。现在，安娜和女儿过着快乐幸福的生活，对于爱情，安娜说："还是有很单纯的希望，只是更加成熟理智了，对于一个人来说，爱情很重要，但是懂得爱自己更加重要。该来的终归会来的。"

　　不是每个人都那么幸运,可以早早地就遇到那个和自己两情相悦,能够陪伴自己走过一生的人。没有爱情的日子,我们也可以让自己的生活充满阳光,爱自己,爱亲人,爱朋友,去帮助需要帮助的人,自尊、自爱、自信,这也是一种幸福的人生。

　　没有爱的日子里,不妨从事业中寻找快乐。爱只会给人带来精神上的愉悦,而事业却能给人带来精神和物质上的双重收获,可以带给我们成就感和安全感,它同样会让我们生活变得幸福、充实、快乐!

第五章

谈恋爱有什么了不起，
有本事我们结婚

《非诚勿扰》里有一句台词："婚姻怎么选都是错，长久的婚姻，是将错就错。"之所以说怎么选都是错，其实就是说什么样的选择都不完美。然而，长久的婚姻，就得接纳不完美，相互适应，相互包容。当婚姻走过了激情期，唯有安静的忍耐和包容，才能让幸福恒久绵长；唯有记着对方的好，宽容着对方的"坏"，才能在夕阳下执子之手，与子偕老。

1.尘埃里的花再漂亮也不能摘

张爱玲说："女人在爱情中生出卑微之心, 一直低, 低到尘土里, 然后, 从尘土里开出花来。"

因为爱, 她觉得胡兰成高贵、伟岸, 觉得他是世间最好的男子, 他的一切无人企及。遇到了他, 她一次次地放低自己, 把自己看成一朵渺小的花。他若看到了, 她便心生狂喜; 他若没有低头, 她便永远地埋在尘土里。

一个充满才情的女子, 一个冷傲倔强的灵魂, 在遇到了所爱之人时, 竟没有了飞扬与高傲的脾气, 生怕自己做得不好而失去他; 从上海跑到温州, 低眉顺眼地坐在他跟前, 只为听他说上五六个小时的话。她的低微与狂恋, 让胡兰成胜利在握, 在赞美她的时候, 他一样赞美着其他女人; 与她在一起时, 他也偷偷地与其他女人密会。

在这一场爱情的对决中, 张爱玲输了。她输掉的不仅仅是所爱之人, 还有那一颗高贵的心灵和从容的姿态。爱到卑微, 真的不是一件伟大的事。卑微换不来爱情, 也换不来平等与尊重。爱再怎么可贵, 也不足以让女人牺牲自己, 放弃尊严。

相比张爱玲, 玛格丽特·米切尔爱得更高贵。

玛格丽特生来就有一种反叛的气质。成年后的她, 因为一

时冲动，嫁给了酒商厄普肖，可惜这段婚姻不久便以失败告终。与其说是厄普肖冷酷无情、酗酒成性毁了这段婚姻，不如说是玛格丽特的婚姻爱情观有缺陷。她太迷恋厄普肖了，简直就是一副仰天崇拜的姿态，如此卑微的爱，助长了厄普肖的狂放不羁，他对玛格丽特越来越不在乎。

这场失败的婚姻，让玛格丽特明白了女人在婚姻中的平等性。之后，她很快重新振作起来，又与记者约翰·马什结婚。玛格丽特打破了当时的惯例，在门牌上写下了两个人的名字，她说："我要告诉所有人，里面住着的是两个主人，他们是完全平等的。"更奇异的是，她坚决不从夫姓，这让守旧的亚特兰大社交界大为惊讶。

幸好，约翰·马什也提倡夫妻之间的平等。与他结为夫妇，是玛格丽特的幸运。马什一直支持和深爱玛格丽特，在他的鼓励和支持下，玛格丽特开始默默从事她所喜欢的写作。十年之后，《飘》正式出版，她一夜成名。

在爱情里，同样不卑微的还有《傲慢与偏见》里的简和伊丽莎白。

简，班纳特家的大女儿，虽不是商贾贵族出身，却从不卑微。从接到宾利妹妹的信，到去伦敦为了"巧遇"宾利却无果而归，再到宾利上门问候却没有任何表示，她燃起的希望一次次地被熄灭。可是，无论她内心多么煎熬，她看起来仍然波澜不惊。直到宾利鼓足勇气扔掉所有的客套与礼貌，大声表达他的愧疚与歉意时，她露出了笑容与感动。在一个贵族男子面前，她没有自卑，不哭不闹，端庄温柔，坚守着"无论你是谁，我还是我"的淡定，着实令人敬畏。这一点，她跟简·爱有相似之处，不同的是，她的气质里更多的是淡雅。

伊丽莎白，班纳特家的二女儿，个性迷人。在那个只能靠嫁个有钱男人改变自我价值的年代，她坚守着自己的爱情观，不因出身平平而趋从权贵，也不用金钱衡量爱情，在傲慢的达西面前，她没有丝毫的自卑与怯懦。

爱得软弱而卑微的女子，永远不可能成为幸福的女人。因为她给自己挂上了卑微的名字，在感情里是一副讨好的姿态。可惜，这样的姿态，只能换来对方的冷淡和忽视。你爱得越是卑微，越会加速他离开你的步伐，甚至尽可能地调动并利用你的爱，压榨你的金钱、柔情和各种社会资源，从中获益，再将你一脚踢开。

三十岁的她，在海外工作，单身一人。

一次旅行中，她认识他，一个四十岁的单身男人。他是某公司的区域经理，常年在海外工作。当时，她对自己的工作不是很满意，留意到他所在的公司很好，便用心与他接触。旅行中，她帮了他一个小忙，他也记住了她。之后，他们就在网上联系，又相约一起出去旅行了几次。渐渐地，两人关系熟了，她如愿地进了他的公司，并在他下辖的区域工作。

起初，她只是想利用他的关系。可接触多了，她发现他人品很好，周围的人对他评价也不错。就这样，她爱上了他。他对她也不错，知道她对自己的崇拜，工作上也很照顾她。看着他的面子，领导、同事也照顾她这个新人。她弟弟出国留学，因为钱不够，他出了一半的学费。

他也有缺点，脾气暴躁。因为工作上的一点小错，他就能把她骂哭。可他又不忌讳别人知道他们的关系，当着同事的面让她下午帮他去办一些私人的事。他很少与她交流感情，唯一的交流方式就是肌肤之亲。她觉得很受伤。因为，她已经把他当成了爱人，工作上帮不到他，可在生活上却极力在照顾他。

她从未直接表达过自己的爱，他也没有。她有点自卑，有男孩追求她的时候，她故意让他看到。可他，并不是那么在意。也许，是因为追求他的女人太多了。她心里明白，也许自己根本就不是他结婚的选择。他聪明沉稳，她迷糊幼稚。他出生于官宦的家庭，她却只是平民之女，他不会选择这样的女人做妻子，他的家庭也不会允许。

她经常会陷入痛苦中。她想：为什么要继续维持这段感情？为什么自己还要深陷其中？每次知道他与其他女人的故事，她都会做噩梦。可是噩梦之后，又要假装什么都不知道，因为他从未给过自己承诺，她怕自己的生气和嫉妒徒增他的烦恼，惹得他厌恶，最后让他们的关系结束得更快。

她把自己的故事讲给一位情感女作家，问她该怎么办？女作家只回了一段话："我爱得很安静，却从不卑微；我也会走得很干脆，但那不是绝望。作为女人，永远不要爱得卑微，只有把自己当成珍宝，男人才会如此对你。"

后来，她决绝地辞职离开。她对他说："我爱不起不爱我的人，我的青春也爱不起。我的微笑，我的眼泪，我的青春，只想为我爱的也同样爱我的人挥霍。"

无论爱情还是婚姻，都需要平等和尊重。每个女人都该做心理上的女王，而不是灰姑娘。哪怕你再爱一个人，哪怕他真是高贵的王子，也要保持理智的头脑，保持一份做女人该有的骄傲，不要过分殷勤，也不要急于讨好。爱得不卑不亢，才能赢得男人的爱和尊敬，才能掌握爱情的主动权。

2.不是他惊艳了你的时光，而是你活出了精彩

她嫁了有钱人。从此，她不用每天起早贪黑地奔波在路上，不再因为上司阴沉的脸小心翼翼，也不再为了吃穿家用而发愁；老公每天赚来大把的钱供她消费，保姆帮她料理好所有家事，她穿梭在商场、美容院和家之间，用打麻将消遣时光。

生活很安逸，可再舒适的日子，过久了也不免会乏味。

尤其是，自己三十岁了，丈夫公司新进的职员，都是二十几岁的女孩。曾经，丈夫夸赞她漂亮、能干，可现在他们之间的话题越来越少，就算穿着再昂贵的衣服，丈夫也不过是看上两眼，一句赞美的话也没有。出席活动时，她只能听到丈夫对业内那些成功女士的恭维，听到他向自己介绍，那女人多么了不起……她心里很失落，甚至涌起了自卑。她不知道该怎么表述这些心情，只会在回到家后大发脾气。一哭二闹三上吊，起初还有点效果，可用得多了，丈夫也习惯了，任她无理取闹，自己躲清静去了。

她觉得要窒息了。终于有一天，她收拾好行囊，一个人离开家，去了陌生的地方。她以为，见不到自己，丈夫会很着急，会给她打电话，会给她的朋友打电话，四处询问。可惜，这只是她幼稚的幻想。丈夫是打电话过来了，可说的是公司忙，这两天不回去了。在陌生的城市里，她觉得很冷。她住进一家最昂贵的酒店，想着自己第二天四处走走。

这样的旅行，实在不开心。平日里出门，都有司机接送，不用操心路该怎么走。现在，一切都要靠自己了，她分不清东南西北，拿着地图发呆，却看不懂。有人跟她搭讪，她吓得心慌。最后，只得打个出租车，去了当地的名胜，而后又打车去了机场。

亦舒说："女人经济独立，才有本钱谈人格独立。如果在经济上依赖男人，就只能感叹一句：娜拉出走后，不是回来就是堕落。"终于回来了。可是，望着眼前的大房子，她的心又沉下去了。她觉得很讽刺,自己就像是透明蜜罐里的蝴蝶,透过玻璃看外面一片光明,可实际上却无路可走。

或许,这就是现实版的"娜拉出走",她与《玩偶之家》里的女主人公没什么区别,一个丧失了独立生存能力的女子,她的生活可想而知。

在爱情里,女人需要好自为之。你的主角永远是你自己,他的出现,只是因为你选择了他。不管他是谁,陪你走到哪儿,你都要让自己的戏隆重地演下去。就算他离开了,你缺少的也只是一个锦上添花的男配角,那份来自生命深处的掌声,那份给予自己生存和幸福的能力,始终在你手里。

生活里,还有一些女子,像是一株攀缘的凌霄花,借着爱人的高枝炫耀自己,以为这一生的幸福就是"我是谁的谁"。可惜,谁的谁不代表什么,谁的谁也不那么重要,女人的未来,自己决定。

三年前的聚会上,许慧出尽了风头。她与读书时判若两人,短发变成了波浪大卷,看起来妩媚多姿。席间,她不停地询问周围的朋友:买房了吗?你爱人做什么工作?有没有计划到澳洲玩一圈?乍一听,还以为她只是和阔别多年的老友叙旧,可是很快,她的真正用意就曝光了。

接过某朋友的话,她故作轻描淡写地说:"我爱人下个月要调到澳洲了,以后连周末档夫妻都做不成了。"这话听起来总让人不舒服，是在抱怨，还是在显摆？她在感情上的态度很明确：与其在江湖上不分昼夜地辛苦厮杀，到头来还不知道是悲是喜，倒不如安安静静地找一个好依靠。她总说："我是谁不重要，重要的是，我得成为谁的谁，这个'谁'，包含着许多附加条件——爱我，有钱，有地位，能为我提供优越的物质条件，能为我提供更好的发展平台……"这个"谁"，决定着她的未来。选对了，坐享其成，或是少奋斗几十年；选错了，背着压力过活，能不能熬出来还是个未知数。

果然，有人接茬说："你可以申请一下跟着去喽。我就命苦了，欠着银行几十万的贷款，什么旅行度假，什么珠宝首饰，这辈子跟我无缘了，这就是命！你命好，我们可比不了。"

成为谁的谁，真有那么重要，依赖一个人就能改变下半生？或许，这只是女人潜意识里让这种想法先入为主了，总觉得"干得好不如嫁得好"。

三年后再聚首，许慧已陷入感情危机。养尊处优地过了两年，丈夫给了她一纸离婚协议。她怎么也想不明白，当初那个男人费尽心思地追自己，才过两年就这么绝情，还闹到要和自己离婚的地步。她说，一定是他爱上了澳洲的那个女秘书，那女人没有自己漂亮，他就是鬼迷心窍了。

其实，没有谁鬼迷心窍。许慧的丈夫说起这件事，也是满腹委屈。当初追求许慧，喜欢的是她高贵的气质，多才多艺，还有那份独立的姿态。可婚后的她，把全部重心都转移到他身上了，这份爱让他很有压力。至于那位女秘书，不如许慧漂亮，可是干练，独立，有主见。他欣赏这样的女人，可是与爱无关。

许慧是不理解的。她在歇斯底里之下，做了很多荒唐事，怀疑丈夫，指责丈夫，侮辱丈夫，给他背上"负心汉"的名字，弄得周围人都以为是他对不起她。丈夫说，她"疯"了。如今，他与她彻底分居，等着自动离婚。

生活的故事总能被写进小说，小说的故事总在生活里上演。

亦舒在《我的前半生》里，写了一个叫子君的女人。她毕业后就嫁给自己的丈夫，平静地度过十五年之后，丈夫有了外遇，要离婚。回想十五年的婚姻生活，她除了消遣娱乐带孩子，什么也没做。没有社会经历，没有工作。

十五年后，韶华逝去，爱人背叛，一切该怎么收场？丈夫已下定决心不回头，唯有自己站起来，才能重新开始。重生是痛苦的，要打破原有的习惯，要去融入新的环境。可人是万物之灵，一番挣扎之后，她在残酷的现实里找到了一方自己的天地。

再次与前夫在街头相遇时，她已经焕然一新。没有伤心感怀，没有凄凄切切，勇敢地抬着头，走着自己的路。大步行走的她，没有浓妆华服，没有多余的饰品，只有一件白衬衫，一条牛仔裤，一个大手提袋，头发挽在后面，从头到脚散发着优雅自然的神态。她的背影，让前夫都感到留恋，他觉得自己当初做错了选择。

多年前，鲁迅先生就用一篇《伤逝》告诉世间女子：无论遇到什么样的情况，最重要的是独立。有独立的经济能力，有独立的思想，才能独立生存。女人不能永远做一个依附在橡树上的常春藤，因为生活时刻在变化。女人要做一株木棉，作为树的形象与他站在一起，根相握在地下，叶相触在云里，分担寒潮风雷霹雳，共享雾霭流岚虹霓，仿佛永远分离，却又终身相依。

3.人潮拥挤，相遇不易就别互相伤害

在婚姻生活中，夫有夫的缺点，妻有妻的不足。如果总是揪着对方的缺点与不足，那么这样的婚姻会问题不断，无法长久。金无足赤，人无完人，夫妻间要学会求大同存小异，学会寻找对方的长处，学会包容和欣赏对方。

出嫁前一夜，母亲语重心长地对她说："世上没有圆满的婚姻，你要记着他的好，包容他的坏。"

沉浸在幸福与兴奋中的她，嘴上说着知道，可其实心里并

未真的明白。或许,许多事都如此,他人的教诲只当是一句话,唯有亲身饮下那杯水,才知冷暖,才知咸淡。

日子一天天过去,那份兴奋与激动早已淡化。三年后的某个夜晚,她终于"爆发"了。

劳累了一天的她,回到家里想喝一口热水,却发现饮水机上的水桶,早已干涸;坐在沙发上,本想躺下来歇会儿,却看见了他的袜子团成一团在那儿扔着。她说了太多次,脏衣服放进卫生间的脏衣篓,可他像是听不见。凌乱的卧室,凌乱的客厅,凌乱的厨房,凌乱的心……

做晚饭时,她不小心把手切了,鲜血直流。她眼泪止不住地往外冒,一肚子委屈。她索性关了火,把切了一半的菜丢在案板上。她冲洗了一下伤口,到药箱里找药。路过梳妆镜时,瞥见一张憔悴而充满怨气的脸。她觉得,婚姻就是爱情的坟墓。

房间里没开灯,她一个人坐在黑暗中。九点钟,他加班回来,吓了一跳。他打开灯,跟她开了句玩笑,之后又问:"晚上吃什么?"说着,往厨房走去。

她面无表情地说:"我为什么要做饭?这样的日子我受够了。我想离婚。"

他在厨房里炒菜,喊着:"你说什么?我听不见。"

她又重复了一遍。这一次,他听见了。

他走出来,问道:"好好的,怎么说这个?"

她冷笑着说:"好好的?你觉得好,有人给你洗衣服做饭,有人跟你一起还房贷。可我觉得不好,我累了,不想这么过了。"

第二天，她把离婚协议丢到桌上，让他考虑。之后，她就回了母亲家。

一周之后，他打电话给她，说同意离婚。只是，想跟她一起吃个饭。他的声音有点低沉，能听出些许的伤感和无奈。她以为自己得到这个结果会如释重负，可没想到心里却涌起一阵难过："他就这样不吵不闹地同意了？"

他们相约在一家湘菜馆。几天不见，他瘦了，胡茬让下巴看起来略微发青。他拿出那份离婚协议，给了她。她的眼泪在眼眶里打转，从今以后，真的要各奔天涯了吗？

"好了，点菜吧！上一天班，这会儿肯定也饿了。"他的语气柔和了许多，眼神仿似恋爱时那般温柔。她对服务员说："一份水煮鱼，一份香辣虾。"这两样菜，是她平时最爱吃的。

他笑着说："能不能给我个机会，点个我喜欢吃的。"

"你不爱吃这个吗？"她觉得很奇怪。

"你忘了，我是上海人。我喜欢吃甜的。在一起这么多年，我一直吃的都是自己不太喜欢的东西。可是，你喜欢，我也就跟着吃了。"他笑着说。

她的心像刀绞一样疼，一种愧疚和自责涌了上来。这些年，她从没有主动问过他喜欢什么，她以为只有自己在付出，可谁曾想到，他竟然每天都在迁就自己。

他说："离婚之后，这里的东西都归你，我只带走几件衣服。"

・喜欢就表白,不爱就拉黑・

她脸上挂着眼泪,问:"你要去哪儿?"真的要告别了,她再也控制不住自己。她只想着,离婚后自己要怎么过,却从未想过他要怎么过。

"我想回上海。我的父母年岁大了,身边也没人照顾。每次与你全家一起吃饭的时候,我都很想念我的父母。只是,你喜欢这个城市,你的家在这里,我才留下来。你以后自己过,肯定辛苦,所以我把这里的一切都留给你,房贷还有一部分,我会继续还。"他不像是要离婚,更像是要远行。

她心里很自责,也很不舍。这个与她从相恋到结婚一起走过六年的男人,一直隐忍着各种不愉快,包容着各种不完美,在离婚时还在替她着想。她为自己的言行感到愧疚,她说:"你为什么不早点告诉我?"

"唉,我不想让你操心,也不想让你改变什么。"

"你……可以不走吗?"她哭着说。

最后,他们牵手从餐厅走出。此时,她忽然想起母亲当年说的那番话:记着他的好,包容他的坏。回家的路上,她想到那个有点脏、有点乱的家,没有了厌烦,有的只是温暖和思念。

每一对夫妻能够走在一起,也就证明他们曾经是互相欣赏的。可是,为什么随着婚姻生活的开始,那些原本相爱而欣赏的人,变成了怨偶,相互看对方不顺眼呢?

处于热恋中的男女,因为没有朝夕相对的时光,没有柴米油盐的琐事，缺点显露得也不那么明显。可在结婚以后，随着在一起时间的增多，日常生活琐事的增多，所有的缺点都会暴露无遗。这个时候，如果不懂得相互理解和包容，一味地指责和抱怨，无限地放大对方的缺点，戴着有色眼镜去挑剔对方，那么幸福感和默契感自然就消失了。

境由心生，心自澄明质自洁。每个人的幸福都是从心开始的，能否从婚姻中享受到幸福，关键在于心态。因为心态决定做法。如果一个女人的心中有爱，她就不会抱怨她的另一半，而是去欣赏对方的优点，用宽容的心去接纳对方的缺点。

在美国马里兰州曾经发生过这样一个幽默故事，一个女人在报纸上刊登廉价出让丈夫的广告，一时之间，引起很多人的关注，事情是这样的：

露易丝·亨勒尔的丈夫查理·亨勒尔只喜欢旅游、打猎和钓鱼。每年从4月开始他便离开家，外出去钓鱼或探险，直到10月初才回来，整整半年都在外头游荡，把不喜欢外出的露易丝一个人扔在家里，孤独寂寞的她越来越不欣赏自己的丈夫了，甚至对他忍无可忍。她决定将丈夫廉价卖掉，于是刊登廉价转让丈夫的广告，并在广告上附加了许多优惠条件。收购她丈夫的人可以免费得到他全套打猎和钓鱼的装备，还有丈夫送给她的牛仔裤一条、长筒胶靴一双、T恤衫两件以及里布拉杜尔种的狼狗一条、自制的晒干野味50磅！

广告登出以后，社会哗然，很多女士都打来电话询问详情，其中有很多人诚挚地索要她丈夫的联系方式。这让原本认为这样糟糕的丈夫是没有人要的露易丝大感意外。于是她询问了她们的购买理由。

有人说，她的丈夫喜欢冒险，是一个真正的勇者，这样的男人有安全感，可以依靠；也有人认为她的丈夫崇尚自然，懂得生活情趣，和这样的男人在一起生活一定会丰富多彩……各种理由似乎证明这样的男人简直无处寻觅。露易丝听完她们的理由，仔细地想了想，这些确实是丈夫的优点和魅力，只是自己没有发现而已。她不禁庆幸自己还没有将丈夫卖出去，否则就会永远失去这样的好男人了。

露易丝立刻去报纸上登了这样一则小广告："廉价转让丈夫事宜，因为种种原因取消！"

查理·亨勒尔从外地钓鱼回来，知道了自己差点被妻子廉价处理的事后，忍俊不禁地问妻子最后怎么会改变主意，露易丝充满柔情地说："如果我把你卖出去了，我又能从哪儿再买一个你这么好的丈夫回来呢？"俩人相视而笑，彼此的心里都充满着幸福的味道。

露易丝从那些想要购买她丈夫的女人那里重新认识了自己的丈夫，找回了欣赏与爱。他们的故事也告诉我们，爱其实是一种细心的发现。我们必须学会从不同的角度去欣赏那个与自己相守一生的爱人，因为唯有这样，我们才能保持爱的温度，携手走完我们漫长的一生。

4.再美的花也要等到合适的季节，再浓的情也要有些许的距离

在通往幸福的路上，谁都渴望有心爱之人的陪伴。可是，有些人能一同抵达幸福的终点，有些人却在中途分道扬镳。

在爱情的旅途中，到底两个人该怎样相扶相携才能走得远呢？爱是需要距离的，恋人之间不可能时刻都亲密无间，否则爱情之花就会凋谢。只可惜，女人总是后知后觉，很多道理都要等到受伤后才会明白。

女人很爱男人，为他放弃了出国的机会，为他拒绝了高富帅的追求。每天上班，她都要他挂着QQ，自己在公司里的大事小事总要第一时间告诉他。下班时，她会提前开车到他单位门口，两人一起吃晚饭，然后恋恋不舍地分别。谁都看得出，女人对男人的爱很深，可男人心里却有说不出的苦。

男人总是对朋友说，不在一起的时候会想她，可在一起的时候却又很烦她。周末我想去打球，她却缠着我陪她逛街；下班我想跟哥们聚聚，她却非要跟着，不让抽烟，不让喝酒，特别扫兴。好几次，男人想提出分开一段时间，可话到嘴边又咽下，他知道女人对自己是真心的，他也怕错过了这个美好的眼前人。可是，她的爱，实在太沉重了。

两个人虽然还在一起,可明显跟过去不太一样。他变得沉默寡言,冷冷淡淡。她问什么,他只是轻声应和,没表情,没心情。可一听女人说要出差几天,他却变得很殷勤。女人怀疑,他爱上了别人。她没有吵闹,而是转身去找了他最好的朋友。她知道,如果有什么事,他一定知道。

朋友笑着对她说,是她太多疑。他之所以高兴,是觉得"自由"了。男人需要放养,爱情需要留白,他有自己的交际圈,有自己的"地盘",你把索要爱情的触角伸向了不该伸的地盘时,他只会觉得你不可理喻。

她似懂非懂。朋友问她,听过两只刺猬的故事吗?她说没有。

一对刺猬在冬季恋爱了,为了取暖,紧紧地拥抱在一起。可是,每一次拥抱的时候,它们都把对方扎得很疼,鲜血直流。可即便如此,它们还是不愿意分开。最后,它们几乎流尽了身上所有的血,奄奄一息。临死前,它们发誓:"若有下辈子,一定要做人,永远在一起。"

上天被它们的爱感动了,决定成全它们。来生,它们转世做了人,并永远地在一起。他们每天朝夕相处,形影不离,每时每刻都黏在一起,可他们一点儿都不幸福。因为,他们是连体人。

她半天没有说话,陷入沉思。想想他以前过的生活,自由支配自己的时间,做自己喜欢做的事,不用事无巨细都要向她汇报,偶尔喝点小酒,抽根烟……现在,似乎那些爱好都被剥夺了，而自己却从未问过他想要什么，希望他怎么做。或许，她真的需要换一种方式去爱了。

当女人给予的爱让他们感到过分沉重的时候，他们便会想到逃离。"享受"爱情也会变成"索取"爱情，两个人的感情再也没有最初那般纯美。男人是独立的个体，而不是女人的私人物品，他们有自己的交际圈，也有自己的"地盘"，当女人把触角伸向了不该伸的地盘时，男人只会觉得女人不可理喻。

爱情是甜蜜的，但它也有秉性，这就如同仙人掌，它明明不需要太多的水分，而你却因为"爱"拼命地浇灌，结果可想而知。想要呵护自己的爱情，就必须掌握爱的秘诀，那就是适当地保持距离。真正的爱是有弹性的，彼此不是僵硬的占有，也不是软弱的依附。相爱的人给予对方的最好礼物是自由，两个自由人之间的爱，拥有张力，这种爱牢固而不板结、缠绵却不黏滞。没有缝隙的爱是可怕的、令人生畏的，爱情在其中失去了自由呼吸的空气，迟早会因窒息而"死亡"。

甘露跟丈夫未结婚前曾在同一家公司上班，后来甘露辞职去了另一家公司，之间仍旧保持着联系，对他也颇有好感。甘露的丈夫，是一个很上进的男人。长得英气挺拔，很有女人缘。公司里也有很多女同事向他暗送秋波，但他还是唯独喜欢甘露。

后来他们走在了一起，顺理成章地结了婚。他对甘露很关心，甚至比恋爱时更加爱护她。

　　他们都是从外地来京的，他每月的薪水有5000多，甘露的工资2000左右，在这个房价高不可攀且高得离谱的城市，房子是买了，不过也是因着七拼八凑，加上这几年的存款，刚好够首付。

　　有了房子，也要过日子。接下来他们都加倍地努力工作，以希望更快地结束房奴的日子。

　　甘露理解他的早出晚归，生怕他工作过于劳累而身体累垮。每天下班后甘露就全身心地投入到家务中去，为他做好坚实的后盾，免除他的后顾之忧。终于贷款还得差不多了，他们的身心都渐渐疲惫。原来这些日子，他们都很少交流，甘露感觉到他们之间的关系在日益疏远。

　　那次，丈夫又早出晚归，甘露已经睡下，他慢慢地移步到卧室，然后脱了衣服去洗澡，房间里开着灯，灰暗的灯光就像鬼魅，似乎隐藏着隐隐的恐惧，令人无法言说。

　　甘露便穿好衣服起身，打开他的公文包，翻看了一些他的工作日记。又从他上衣口袋里寻到手机，看到一些短信都是一些黄色的笑话，便以为他一定跟某个女人保持暧昧，心里便开始五味杂陈，有些痛灼。

　　就在这时，丈夫从洗手间走了出来，一眼便看见甘露手忙脚乱，慌乱中将他的手机掉落在了地上，他便明白甘露在寻找某些痕迹。

　　他有些生气，从地上捡起手机，说："你是不是不相信我，以后没我的同意不要乱动我的东西！"

甘露说："这些信息是不是一个女人给你发的？"

他说："是啊，你这么喜欢我外面有女人，那我就去找好了，不然也对不起你的一番猜忌！"

说完便抱起毛毯向沙发上走去。

他在客厅睡下，而甘露泪流满面。

距离产生美感，彼此间有一点距离的张力，才能营造出一种朦胧之美，才能将两人的心拴得更紧。距离美要求我们对爱坚持"半糖主义"，双方注意保持一定的距离，给彼此留出空间和自由，这样的爱才会持久，不致令人厌倦。

曾有人说过："整天做厮守状的夫妻容易产生敌视与轻视情绪，毒化婚姻的品质。"再美的东西看久了也会腻，相爱的两个人也需要适时地保持一点距离。这份距离，不一定是地理上的距离，分隔两地，而是彼此在心灵上要有一点空间。

如果你爱上一个人，请给他一点独立的空间和隐私的自由吧！让爱像风筝一样在天空中飞翔，只要你握紧了手中的线，在需要时把他拉回来，让他靠近你，这份爱就不会跑掉，而会更长久。

5.没有彼此珍惜,何来一生浪漫

很多人希望经历轰轰烈烈的生活,很多人想拥有海誓山盟的爱情,可生活不是在演戏,那些跌宕起伏扣人心弦的情节大都也只能出现在电影里。现实生活总是平淡如水,可是没有人因为水的平淡而厌倦饮水,也没有人因为生活平淡而摒弃生活。所以,平平淡淡的生活,就是对真爱最好的诠释。

平淡让我们可以真实地面对生活,既不刻意追求虚无缥缈的幻觉,也不刻意修饰真实存在的瑕疵。笑看落花,静观流水,仰望苍穹,人生就是在这种平淡中度过的,而人生的精彩绚丽也恰恰藏于这份平淡之中。

真爱用不着什么华丽夸张的表示,有一颗真心,一片真情其实就足够了。真爱,就要经得起时光的蹉跎,经得起平淡的洗礼。它不是虚伪的浪漫,不是乏味的庸华,而是饭前的柴米油盐,饭后的携手散步,是出门前一个热烈的拥抱,睡前一个温暖的拥吻,更是在那时光的长河中至死不渝的相依相伴、相知相守。

晚饭的时候,王楠坐在餐桌前没好气地对苏建说:"你知道今天是什么日子吗?"

突然的发问,让苏建有些措手不及,想了半天也没说出答案。

"今天是七夕，中国的情人节，亏了你还读那么多年的书。"王楠埋怨道。

苏建翻了下日历，然后笑着说："果真如此，可那又怎么样呢？"

"我们同事小李，今天收到了一大捧玫瑰花，她男朋友送的。"王楠羡慕地说，"据说，一共有99朵玫瑰花，表示天长地久的意思，多浪漫啊！"

苏建没说什么，笑了笑。

"还有阿兰，据说前几天被求婚了，一想到这个我就生气！"王楠气冲冲地说。

"人家被求婚你生什么气？"苏建不解地问。

"人家去的是摩天大厦最顶层的豪华餐厅，开始阿兰并不知道男友要向她求婚，直到服务员把求婚蛋糕送了上来，整个餐厅也同时响起了浪漫的音乐，她未婚夫这才跪在她的面前，掏出了戒指。听说这个惊喜让阿兰流了很久的眼泪。"

"这不是很好的事吗？你干吗要生气？"这下子苏建更不明白了。

王楠瞪了苏建一眼，没好气地说："你想想你当年向我求婚去的哪儿？我单位楼下的面馆。一起在面馆吃过晚饭，就随随便便说了句'咱结婚吧'，当时我也是年幼无知竟然答应了你。可现在想一想，当时连个戒指都没有，我可真是亏了啊！"

苏建听了她的话，不禁哈哈大笑。

　　王楠已经习惯了苏建的这种"无赖"，也没心情再去和他计较什么，总之在她心里已经认定，自己这辈子也不可能有机会享受这种浪漫的幸福了。

　　王楠每周三都会去舞馆学习拉丁舞，为的只是让自己身材更好一些。这一天晚上下课时，突然下起了雨，而王楠却没有带雨具。她站在舞馆门口犹豫了很久，正准备打电话向苏建求援时，却在滂沱的大雨中看到了苏建的身影。

　　"你怎么想到来接我？"王楠好奇地问。

　　"你没看下雨了吗？"苏建一本正经地说。

　　"那你又怎么知道我没带伞？"

　　"你平时总是粗心大意的，一个三天两头出门都会忘记带钥匙的人，会想到出门带伞？我们在一起十几年了，还有谁比我更了解你呀！"说着，苏建把她揽到臂弯里。

　　王楠的心里顿时涌起一种莫名的温暖。

　　回到家之后，王楠发现厨房的锅里似乎在煮着什么。

　　"我给你煮了黄豆芝麻粥，一会儿洗完澡喝一碗吧。"苏建温柔地说。

　　"为什么要给我煮这个？"

　　"你平时嘴馋，也只有每周三跳完舞才会想到减肥的事，回家来总是不吃东西。这样对身体不好，我查了一下食谱，这个粥能美容瘦身，而且营养也很充足。所以你喝一点既不会发胖，对身体也有好处。"

　　王楠被苏建的话感动了，心里有一种酸酸的感觉。

"你平时都不会做饭，这个粥你是怎么煮熟的？"

"不是有食谱吗？再说，给你煮东西吃，再难我也能学会！"

苏建顽皮的样子，简直像个大孩子。可王楠却沉默了许久，她第一次觉得自己的苏建竟然那么可爱，她也是第一次觉得自己原来是那么幸福。

她喝了一碗粥，坐在沙发上静静地回味着。

婚姻中，需要激情，也需要平淡。两个陌生的男女因为激情相爱了，因为激情结婚了，因为激情有了爱情的结晶。婚姻生活开始了，漫长而持久的生活，想保持永远的激情，真的很难。

所以婚姻中只有平淡才是最真实最永久的，只有平淡才是婚姻生活的真谛。这份平淡中有最初的激情，有爱，有相依相偎的深情。这份平淡不是淡漠，不是疏远，不是无情。

一个浪漫的女人喜欢上了一个学理科的男生，因为他的稳重，她倚靠在他肩上时有种暖暖的踏实的感觉。三年的恋爱，两年的婚姻，日子平淡地过着。

女人渐渐产生了厌倦的心理，甚至当初的喜欢也成了厌倦的根源，她是个感性的女人，敏感细腻，渴望浪漫。而丈夫却天性不善于制造浪漫，木讷的他让女人感觉不到爱的气息。

某天，女人鼓起勇气提出离婚。男人没有回答，他抽着烟，一句话也没说。女人的心越来越凉，她想：这个连挽留都不会的男人，也许我真的该放弃了。

很久之后，丈夫问："你认为我该怎么做，才能让你改变主意?"

女人望着丈夫的眼睛，慢慢地说："问你一个问题，你答得让我满意就可以了。比如，我非常喜欢悬崖上的花，而你去摘就会掉下去，你会摘给我吗?"

他沉默了一会，说，"明天早晨给你答案好吗?"女人的心彻底凉了。

早晨醒来，他已经不在，她看见了一张纸条，她想：这应该是他最后的留言吧。

"亲爱的，我不会去摘。但我也有我的理由：你出门总忘记带钥匙，我要留着双脚跑回来给你开门；你只会打字，却对程序一无所知，我要留着双手给你整理程序；你总是分辨不出东南西北，我要留着眼睛为你带路；你不爱交朋友，我要留着嘴巴陪你说话；你眼睛近视，我要好好活着，等你老了，我会给你做饭，给你画眉，拉着你的手，到外面享受阳光的温暖；你总是不注意饮食，我要好好活着，维护你的健康，让我和你一起慢慢变老……所以，在我不能确定有人比我更爱你之前，我不去摘那朵让我丧命的花……"

女人的泪流下来。"亲爱的，如果你已经看完了，答案如果让你满意的话，请打开门，欢迎你的爱人归来，因为，我买了你最爱吃的早餐。"

打开门，丈夫有点羞涩地站在门外，但笑得很灿烂。

女人紧紧地拥着木讷的丈夫。女人觉得非常幸福。

是的，被平淡的生活包围着，一些平凡的爱意，总被渴望激情浪漫的心灵忽略。爱从来没有固定的模式，花朵、浪漫，不过是浮杂生活表面上的点缀，它们下面的平淡，才是最真实的生活，才是女人真正的幸福。

男作家说："真正的爱情，不是电视剧演得那般抵死缠绵，不是言情小说里写得那般一掷千金，它只是很平淡地存在于我们的生活中，熬得住平淡的人才守得住爱情。"

女作家说："爱情如果不落实到穿衣、吃饭、数钱、睡觉这些实实在在的生活里，是不容易天长地久的。"

可见，深谙婚姻与生活的男女都懂得，婚姻生活就只是柴米油盐，平淡地度过每一天，重复着同样的事情，甚至心情都不会有多大的变化。只是，在平淡的生活背后，一丝细心的关怀，一次体贴的搀扶，却是任何甜言蜜语和山盟海誓都无法替代的真情。爱，不只是用口说的。

日子在细水长流，生活中有甘有苦，我们爱的人也不是完美的神。总有一天，我们会有一种疲倦的感觉，觉得生活枯燥无味，觉得身边的人没有当初的狂热和激情。我们会有一种失落感，我们单纯的爱情已经在柴米油盐中化成了简单的句子，甚至是一个眼神，一个动作。我们没有发现爱情的变化，还以为自己或对方失去了年轻的资本，以为爱情被琐碎的生活冲的无影无踪了。

其实爱情并没有离开,激情也没有走远。我们婚姻中的爱情已经升华,已经成熟,已经长大。

6.你若不离不弃,我必生死相依

爱就一个字,却承载着太多的意义。结婚时宣读的誓言,不是几句泛泛的空话,那是一种承诺和责任。在爱情的旅途中,顺境和逆境、富有和贫穷、健康和疾病,总是不时交替。顺境时的爱很简单,无非就是相依相伴一起幸福;可逆境时的爱很艰难,它要你顶着暴风骤雨,搀扶着伴侣不离不弃。简简单单的一个爱,饱含着与对方共同承担责任和风雨同舟的信念与决心。

男人所在的那家服装厂,因为经营不善严重亏损,面临着倒闭的危机。在厂里待了十年的他,也没能摆脱下岗的厄运。他不敢把这件事告诉她,出于自尊,也出于照顾她的情绪。

他只字未提下岗的事,可纸包不住火,她终究还是知道了。他本以为,家里会降临一场暴风雨,因为工友的妻子得知这个消息后,在家里唠叨了好几天,嚷嚷着日子难过,没有收入怎么办?可他没想到,她却笑呵呵地做了一桌饭菜,脸上没有一点愁苦的神情。

他先开口了，说道："对不起。我没有早点告诉你。"

她笑笑，说："没事儿。过去，你一直在厂里上班，每月到日子去领那固定的工资，什么也不想，一心做好本分工作，你不觉得就像是一台工序简单的机器吗？你现在难过，也是过惯了'安于现状'的日子，舍不得把这个'饭碗'丢了，现在情况变了，你不适应。"

他叹了口气，说："你说得没错。我只是觉得，离开了工厂，不知道该做点什么。"

她当然明白。刚听说这个消息时，她的脑袋也"嗡"地一下，顿时空白了。孩子要上学，老人要看病，丈夫又失业……生活的压力摆在眼前，她不得不思量。不过，这些担忧很快就过去了。

她一边盛饭，一边对丈夫说："其实，也没什么大不了的。我们有手有脚，你也懂技术，我们可以尝试自己做点事。"

"这……行吗？"失业后的丈夫，因为情绪低落，自信心也不如从前了。

她说："没问题！我们一起干，怕什么！"

之后的几年里，他们两人先后开过手工织手套作坊、制衣厂、棉纺厂，到现在，他们已经创建了一家品牌服饰公司。提及现在的成就，丈夫总说："都是我爱人的功劳。要不是她的鼓励，我可能就会随便打点零工，哪儿想得到自己干出一番事业啊！我很佩服她，一个女人能扛起家庭的重担，还帮着我干事业，挺了不起的。"

　　每每听到丈夫这样说，她就在旁边笑。她说："生活就是这样，不可能一直顺顺当当，遇到麻烦和痛苦的时候，想办法解决就是了。况且，很多看似痛苦的事，在经历之后，会让我变得更坚强，看事物更通透。也许，未来的人生路上还会有麻烦等着我们，但我不怕。"

　　面对同样的境遇——丈夫失业，有的女人只会抱怨命运、责备丈夫，恐惧生活的艰难，在痛苦和磨难面前，想到的只是担忧和逃避；而有的女人却能够勇敢地撑起半边天，搀扶着丈夫走出低谷，找出一条羊肠小路，慢慢地拓宽生活的路。都是女人，都有柔弱的肩膀，差别只在于人心。

　　其实，生活的痛苦本没那么可怕，知道生活的难处时，生活反而更加容易。因为知道了生活的各种艰难之后，在面对它的时候就能不屈不挠，再也没什么困难能够压倒你。女人要时刻保持着微笑，对自己、对爱人、对生活，让这份笑容里饱含着乐观，会在变化无常的人生路上，给你勇气和信心。

　　回顾自己的感情之路，她的眼神里写满了沧桑。十九岁开始恋爱，历经三次失败的感情，终于在二十五岁那年遇到了对的人。

　　可惜，天意弄人，结婚后不久，他查出肾炎。家里人都说，算了吧，以后的路那么长，和一个病人怎么过下去？为了这件事，她在深夜哭过，他也主动离开过，可最后她毅然决然地要跟他一起走下去。她说："遇见爱的人，哪怕只能在一起一天，我也愿意。"

再后来，他的病情恶化，转为尿毒症。家里人发愁她该怎么过下去，可她却用乐观的姿态告诉所有人，她能够承担这一切。每次去医院透析，她都陪着他。他们依然和所有的正常夫妻一样，买车，郊游，养宠物，玩电子产品，生活就那样按部就班地过着。

有人问她，后悔过吗？如果嫁一个健康的人，也许会更幸福。

她笑笑，说道："嫁个正常人又如何？谁敢保证一辈子不会有意外。将来会发生什么，谁都无法预测。可不管遇到什么，只要在一起一天，就要幸福面对。爱不只是索取，还有付出。两个人之所以结婚，就是因为有些路太难走，需要找个搀扶的伴。"

爱情不一定要轰轰烈烈，却一定要能在风雨中相守。很多时候，通往幸福的路很漫长，若没有共同穿越冰寒地冻的日子，少了生死相依、相互搀扶的积淀，即便是拥有了，也未必长久。真正的爱，需要两人共同经营，共同成长，在漫长的岁月中互相搀扶，相濡以沫。

第六章

人生太短暂，
我没时间总是迁就你

>   幸福的人生，就是要保持本色生活，尊重自己。有缺点不要紧，但别刻意为了改变而改变。当然，要活出一份真实，就要从内心深处重视自己，清晰地看清楚自己的价值，珍爱与众不同的自己。

1.你可以不完美，但要活得漂亮

一个女人可以生得不漂亮，但是一定要活得漂亮。无论什么时候，渊博的知识、良好的修养、文明的举止、优雅的谈吐、博大的胸怀，以及一颗充满爱的心灵，一定可以让一个人活得足够漂亮。活得漂亮，就是活出一种精神、一种品位、一份至真至性的精彩。

在亨利夫妇居住的地方，有一个小花园，里面生长着平常但鲜艳的花草，还有一个古朴典雅的小亭子，它宛如盛开在钢筋森林中的一朵诱人的小蘑菇。从去年夏季开始，如果没有风雨，每天傍晚这里都有一个十三四岁的小女孩的小提琴独奏音乐会，亨利夫妇每天都来这儿，他们习惯坐在弥漫着花香的花园中，让那些温柔如诉的琴声安抚他们的灵魂。

听着小女孩娴熟和富有表现力的琴声，闭上眼睛，会以为这是一个专业的小提琴手的演奏。

小女孩长得非常漂亮，有一张精致完美到无可挑剔的脸，身上有一种高贵的气质。这一切真让人忌妒。也许几年之后，她将在某个金碧辉煌的音乐大厅的舞台上，为台下的观众奉献她的艺术天才。

小女孩那些充满灵性和质感的琴声像一只只轻盈优美的

蝴蝶,在花园的上空飞舞,她的周围渐渐站满了被她的琴声吸引的人们,他们的目光落在女孩身上,目光里闪烁着欣赏和感动。她的母亲每次都陪在女孩的身边,这是母亲最幸福的时刻,她脸上有不加掩饰的骄傲,眼里是无限的温柔和怜爱。每一次,亨利夫妇都会很容易地被这温情脉脉的一幕打动。

"如果我们女儿也像她这么棒,我会幸福得睡不着觉!"亨利太太常对亨利先生这样说。

去年十月,一场意外在女孩脸上留下了一道道无法挽回的疤痕,她天使一样的美丽永远留在了人们记忆深处。

小花园里那些飞舞的蝴蝶无影无踪了。那段时间,所有听过小女孩琴声的人都在轻叹和无奈地摇头。

从医院回到家中,小女孩便再也没从家中走出来过。

突然有一天,人们又听到了琴声,但拉琴的不是小女孩,而是她母亲。她站在女孩曾经拉过琴的地方,笨拙地拉着小提琴,琴声听上去粗糙且断断续续。她的脸上,没有人们想象中的悲愁,她镇定自若地用琴声和屋中的女儿对话。

有好心人去宽慰她,她淡然一笑说:"没什么,脸不好了,并不意味着她不能成为好的提琴家啊!"

一天,两天,一周,两周,每个黄昏,母亲都坚持着,用旁人不全懂的方式和女儿交流着,她是想用琴声唤起女儿美好的回忆。偶尔,会有人看到女孩蒙着脸,在阳台上悄悄地探出头,只望一眼母亲便回屋了。

有一个醉鬼闯进了花园,他莫名其妙地朝那位母亲吼道:

"你的小提琴是我听到的最难听的！"女孩母亲的眼里第一次有了愤怒，她脸涨得通红，一字一句地说："我是拉给我女儿听的，如果你嫌难听，请捂上你的耳朵。"醉鬼开始纠缠，那些肮脏和刺人的语言让母亲伤心。这时，女孩终于走到了人群之中，她从母亲手里接过小提琴，坦然地仰起她那张不再美丽的脸，她对那个醉鬼说："我妈妈只为我一个人拉琴，我觉得她才是世上最好的小提琴手。"

女孩从容地向围在她身边的人奏出了那些熟悉的曲子。在她放下小提琴时，大家热烈地为她鼓掌。母亲上去搂着她，大声地对女儿说："孩子，我是想让你明白，你的脸和妈妈的琴声一样，不够美，但我们应该有勇气把它拿出来见人！"

我们既然无法改变外表，就要努力想办法丰富自己的内心，因为重要的不是长得漂亮，而是要活得漂亮。

罗丽芬出生的时候右脸上就有一个深色的胎记，由于长在面部，所以看起来特别明显。罗而芬慢慢地长大，胎记也在不断扩大，几乎占据了她右脸的大部分。

上小学的时候，虽然她的演讲得了校级最高分，但是因为这块胎记，老师告诉她不能再继续参加县里的演讲比赛了。那天，罗丽芬一路伤心地跑回家。父亲告诉她："上帝有一个很大的玫瑰花园，每次无法从中轻易地找到最漂亮的那一朵，于是，他决定在那朵最漂亮的玫瑰花上留下记号。所以，就选中了你……"罗丽芬知道，"上帝的记号"是父亲的安慰，可是她不想做一个有特别记号的人。她有了一个梦想：如果可以的话，她愿意用所有东西去换一张和左脸一样的右脸。

为了实现这个愿望，19岁那年，罗丽芬开始自己创业，成为当时台中最年轻的美容室老板。通过罗丽芬的努力奋斗，美容室不断发展壮大，遍及台湾。如今已发展成了以台湾为中心，跨越中国内地、中国香港、泰国、马来西亚、印尼、新加坡、欧美等全球主要华人世界的国际性美容连销王国。她的事业经过近二十年的不断拓展，每月净利由60万元到年营业额达32亿新台币，创造了一个奇迹。而且她的集团创造出独特的高效率加盟模式。

如今，她也不再是那个"上帝花园里的特别花朵"，而是一位举手投足间都流露出自信和优雅气质的时尚人物。

罗丽芬非常感谢父亲为她编织的美好的"上帝的记号"。世间的万事万物，都可以看到两个方面：一个是正面的、积极的；另一个是负面的、消极的。这一正一反该怎么看，完全取决于一个人的心态。好的心态使人快乐，积极进取，有朝气；而消极的心态则会使人沮丧，难过，没有主动性，缺乏热情，进而会抱怨，生活中也不会有阳光。就如同人生病一样，心态不好、精神不济，身体就不会健康。试想，具备消极心态的女孩会漂亮吗？

不要奢望自己成为上天的宠儿，假如生活给了你诸多的考验，那么请你努力地活出精彩。

2.活得像你自己，人群中才能找到你

克里希那穆提说过："你看，一朵百合或是一朵玫瑰，它是从来不假装的，它的美就在于它就是它本来的样子。"只可惜，世间许多女子没有读懂这句话。

她们喜欢把眼光投向外界，追逐自己所想象的那些美好的事物，而忽略自己的本性。有时，她们还会被外界的东西牵绊，不得不伪装自己，改变自己，直到最后迷失自己。殊不知，人生最美好的礼物，就是活出真实的自己。

也许你会问，怎样才算是活出了真实的自己？

高兴了你就笑，难过了你就哭，按照自己的方式生活，不企图变成任何人，接纳不完美的自我。这就是活得真实。超级名模萨沙没有出道时，有人问她："你最想成为谁？谁是你的偶像？"萨沙十分笃定地说："我没有偶像，至少现在没有。我了解我自己，我就做我自己。"这也是活得真实。

伊笛丝阿雷德太太从小就特别敏感而腼腆，她的身体一直太胖，而她的一张脸使她看起来比实际还胖得多。伊笛丝有一个很古板的母亲，她认为把衣服弄得漂亮是一件很愚蠢的事情。她总是对伊笛丝说："宽衣好穿，窄衣易破。"而母亲总照这句话来帮伊笛丝穿衣服。所以，伊笛丝从小就习

惯于把自己包裹在肥大的衣服里，也越来越觉得自己肥胖丑陋。她变得非常自卑。伊笛丝从来不和其他的孩子一起做室外活动，甚至不上体育课。她非常害羞，觉得自己和其他的人都"不一样"，完全不讨人喜欢。

长大之后，伊笛丝嫁给一个比她大好几岁的男人，可是她并没有改变。她丈夫一家人都很好。伊笛丝尽最大的努力要像他们一样，可是她做不到。他们为了使伊笛丝开朗而做的每一件事情，都只是令她更退缩到她的壳里去。伊笛丝变得紧张不安，躲开了所有的朋友，情形坏到甚至怕听到门铃响。伊笛丝知道自己是一个失败者，又怕她的丈夫会发现这一点，所以每次他们出现在公共场合的时候，她都假装很开心，结果常常做得太过分。事后，伊笛丝会为此难过好几天。最后不开心到使她觉得再活下去也没有什么道理了，伊笛丝开始想到自杀。

后来，是什么改变了这个不快乐的女人的生活呢？只是一句随口说出的话。

有一天，她的婆婆正在谈她怎么教养她的几个孩子，她说："不管事情怎么样，我总会要求他们保持本色。"

"保持本色！"就是这句话！在那一刹那，伊笛丝才发现自己之所以那么苦恼，就是因为她一直在试着让自己适应一个并不适合自己的模式。

伊笛丝后来回忆道："在一夜之间我整个改变了。我开始保持本色。我试着研究我自己的个性、自己的优点，尽我所能去学色彩和服饰知识，尽量以适合我的方式去穿衣服，主动地去交朋友，我参加了一个社团组织，起先是一个很小的社团他们让我参加活动，把我吓坏了。可是我每发过一次言，就增加了一点勇气。今天我所有的快乐，是我从来没有想过可能得到的。在教养我自己的孩子时，我也总是把我从痛苦的经验中所学到的结果教给他们：'不管事情怎么样，总要保持本色。'"

女人早就该懂得一个道理：幸福的人生，就是要保持本色地生活，尊重自己。有缺点不要紧，但别刻意为了改变而改变。当然，要活出一份真实，就要从内心深处重视自己，清晰地看清楚自己的价值，珍爱与众不同的自己。

女孩从小生长在孤儿院里，内心很自卑，看到别的孩子叫着爸爸妈妈，她更觉得自己没有可爱之处，不然的话，父母为何要将她丢弃在医院的走廊里？她难过地问院长："像我这样没人要的孩子，是不是走到哪儿都不会有人喜欢？"院长看着她的眼睛，没有回答她的问题，而是说："过几天你就明白了。"

几天以后，院长送给女孩一块石头，对她说："今天，我带你去集市上，你来卖这块石头。可是你要记住，不是真卖，不管别人给多少钱，你都不要卖。"女孩点点头，心里却很困惑："一块石头，会有人要吗？"

女孩蹲在市场的角落里。不多时，有几个人上前询问，想要买她的那块石头，给出的价钱也越来越高。女孩很高兴，冲着不远处的院长笑笑。

第二天,院长要女孩拿着石头到黄金市场去叫卖。结果,真的有人愿意出比昨天高出十倍的价格买下这块石头。

第三天,院长要女孩拿着石头到宝石市场去卖。神奇的是,石头的价格又涨了十倍,因为女孩不肯卖,买石头的人竟然认为它是稀世珍宝。

女孩问院长:"为什么他们愿意花钱买这块石头?"

院长说:"生命的价值就跟这块石头一样,在不同的环境里就有不同的意义。一块普通的石头,因为你的珍惜,不肯随意抛售,就提升了它的价值,被人说成稀世珍宝。你和这块石头一样,只要你看重自己,不肯轻易否定自己的价值,那么别人也会像对待珍宝一样对待你。要记得,看重自己,你是独一无二的、最珍贵的。"女孩记住了院长的话,从此对自己非常珍惜。

其实,这个道理适用于每个女人。把自己视为不起眼的石头,还是把自己视为珍贵的宝石,就是自爱与不爱的差别。一位老人的笔记本上有这么一句话:"不必在意别人是不是喜欢你,是不是公平地对待你,更不要奢望人人都会善待你。"做真实的自己,关爱自己,不是狭隘的自私,而是一种自我实现的价值感,是真心实意地认定自己有价值,努力活出自己的风采。

爱默生说过:"你总有一天会明白,嫉妒是毫无意义的,而模仿他人更是无异于自杀。不论好坏,每个人都必须保持自己的本色。虽然广袤的宇宙中全是美好的东西,但除非他努力耕耘那一块属于自己的土地，否则他绝不会有好的收成。"但愿，这番话可以被每个女人深记在心里。

3.唯有学会爱自己，才值得被爱

梁晓声曾在一篇文章中写道："倘若有轮回，我愿自己来世为女人。我不祈祷自己花容月貌，不敢做婵娟之梦；我想，我应该是寻常女人中的一个。那么，假如我是一个寻常的女人，我将一再地提醒和告诫自己——决不用全部的心思去爱任何一个男人。用三分之一的心思就不算负情于他们了。另外三分之一的心思去爱世界和生活本身。用最后三分之一的心思爱自己。"

用三分之一的心思爱自己，这番话说得多么让人动容。可世间能够做到这一点的女人，哪怕仅仅留四分之一的爱给自己的女人，也并不多见。尤其是在有了家、有了孩子之后，女人大部分的心思都放在了身边丈夫和孩子身上，心甘情愿地付出，无怨无悔地奉献。

这份爱是伟大的，可却让女人的生命或多或少缺失了一点点色彩。当岁月日复一日带走了那些美好的年华，再也寻不到任何蛛丝马迹时，看到斑白的两鬓，看到岁月在脸上刻下的痕迹，还有那些未曾实现却始终埋藏在心底的梦之花时，有几人可以毫不犹豫地说一句"我这一生了无遗憾"？

一位女作家在餐厅吃饭，遇到一对年轻的情侣。

女孩想喝酒，只见男孩白了她一眼，说她起哄，女孩乖乖地放下酒杯，不再说什么。女孩想吃辣，男孩说了一句"我不吃"，女孩就没再提，把菜单递给了男孩。

女作家看得出，女孩很在意身边的男孩，一会儿变身男孩的丫鬟，一会儿变身他的姐姐或母亲，言语中带着关心与体贴，同时还有一份依赖。男孩除了外表出众之外，女作家没觉得他有什么特别的吸引人之处，至少在吃饭的那段时间里，他始终摆出一副高傲的表情，言语上也丝毫不客气。

看到眼前这一幕，女作家不禁想起不久前刚刚离婚的一位女性朋友。当年，她对爱人倾心倾力，毫无保留地付出，甚至愿意为了他放弃自己最钟爱的职业，远离父母家乡跟随他去了别的城市。她的心里只有他，处处想的都是他，对自己的生活从未静心思索过。

就像电影里一贯演绎的情节那般，男人出息了，却抛弃了她。在他决意要离婚时，她还在穷追不舍地问为什么。他给出一句冰冷的话："不是你不好，而是你太好了，这份好让我觉得太压抑。"她明白，他觉得自己终日围着他转，厌烦了。

女作家为眼前的女孩感到担忧，她不知道，女孩未来的生活会怎样。可她心里隐隐地会感觉到一丝不安，她很想走向前去告诉女孩："不要为了任何一个男人忽略自己的存在，也不要在爱情的世界里迷失自己。唯有懂得自爱的女人，才会拥有他人的爱，才值得被人深爱。"

如果你爱他，你就要先爱自己，如果你在乎他，就要先在乎自己。

所以，女人不要再为了男人的爱，而傻傻地委屈自己了。学会做自己，做自己喜欢的，你得到的不仅是爱，而更多的是他对你的尊重。

只有做到爱自己，和其他人的关系才能真正算是一种爱的关系，而不是建立在需要、依靠、恐惧或不安全的感觉上。

张婷是个活泼开朗的女孩，大学毕业后她终于如愿以偿做了一名快乐的导游，走过了世界上很多的城市。今年，张婷经人介绍，认识了张建，她觉得那就是她心目中的另一半。但是，张婷觉得张建对她若即若离，张婷追问原因，原来，张建觉得她哪里都好，就是工作不够稳定，常常带团一走少则三五天，多则半个月，将来生活在一起，免不了要影响以后照顾家。张建觉得，女孩子嘛，就要在家相夫教子，需要大量的时间照顾家里。为了让喜欢的人高兴，张婷忍痛放弃了自己心爱的职业，辞职了，找了一份文员的工作，朝九晚五，中规中矩，成了张建期待的那种"稳定"的上班族。

张建不喜欢张婷的朋友，觉得太闹腾了，所以张婷渐渐地就和以前的朋友们断了联系，一门心思过起了二人世界。张建喜欢，朴素的女孩，于是，张婷也就不再化妆了，甚至连化妆品也不买了……

但是，渐渐地，张婷越来越厌倦现在的生活，上班永远重复着枯燥而又乏味的工作；下了班，永远是柴米油盐，永远是围绕张建转，好像她越来越没有快乐，也越来越没有自己了。

她反问自己：我这样做究竟是为了什么？以前常常带团穿梭在城市之间，虽然辛苦，但是很快乐，似乎每天都有很多乐趣。她静下心来好好思索：恋爱不就是让自己更快乐吗？可是为什么自己恋爱了，找到心中的那个他了，为什么自己越来越不快乐了呢？为了讨好张建，她竟然放弃了自己以前的生活，过那种天天重复乏味无聊的生活。这值得吗？爱张建就要用自己的全部快乐做交换，这到底是爱，还是一种得不偿失的交换。

这个念头在心里萌生出来就再也无法遏制。张婷强烈地感觉到，自己"爱"错了。这种放弃自己的快乐而得到的"爱"不是"爱"，而是一桩失败的交易，她应该好好爱自己，过自己想要的生活，做自己喜欢的工作，交自己志趣相同的朋友，而不是为了一段爱情就抛弃这一切。

明白这些后，张婷辞掉了文员工作，并且对张建说："我爱你，但是我不能为了你完全放弃自己以前的生活。做导游，才是我最喜欢的事。可是我为了爱你，将自己弄丢了。所以，今天开始，我想更爱自己一些。"

虽然没能跟心爱的人在一起，但是张婷却不后悔。这段经历让她深深明白一个道理：先爱自己，才能爱别人。

与其低微地去祈求别人的爱，还不如爱自己多一点。卡耐基曾说过：爱的第一步，不是如何去爱别人，而是要学会爱自己。

其实，女人爱自己是一种责任，就像爱你的家人和朋友一样。我们只有小心翼翼地保护内心的纯净，才会给所爱的人带来一份真诚的爱，同时也能保证家庭和事业都朝良性而又健康的方向发展，创造真正的幸福。

女人要爱自己，首先要让自己自由，时时倾听自己的心声，与自己对话，诚实地面对内心深处的各种欲念。这样，当我们置身于各种人、事、物中，才不受约束，才能完全保持平衡。当我们能用这样的态度爱自己时，就能真正了解爱的意义，而且才有能力去爱他人。

4.没什么大不了的，那都不是事

荀子有云："自知者不怨人，知命者不怨天，怨人者穷，怨天者无志，失之己，反之人，岂不迂乎哉！"

抱怨并不是一种好习惯。当我们开始抱怨，就是将焦点放在不如意、不快乐的事情上。我们说的话表明了我们的想法, 而我们的想法又创造了我们的生活。这是一个恶性循环, 也是一种负面的吸引力法则: 你发出的抱怨与牢骚越多, 你所吸引来的抱怨、牢骚和负面能量也会越多。

露易丝是一位面目清秀的女子, 一天她在街上见到了多年前的一位友人贝蒂, 她被贝蒂吓了一跳, 因为她完全认不出眼前的女子竟是多年前那位娉婷可人的大美女, 女友却很平静地说: "你是不是觉得我老了好多啊。" 这让露易丝感到很诧异, 她觉得贝蒂不只人老了, 心也变老了。

贝蒂继续说: "很不幸, 我的婚姻出现了裂痕, 最近我总是陷入其中无法自拔, 虽然我和他并没有吵架, 但是我怎么都感觉他对我越来越冷漠了, 我自己也越老越狰狞、刻薄。我想让他时时刻刻在我身边, 我不想让他看别的女人一眼, 难道是我失去魅力了吗? 我讨厌这样的婚姻, 都是这样的婚姻使我面露憔悴, 无心于事。我自己都讨厌这样的自己。"

露易丝笑着说: "亲爱的, 千万别这样想, 你应该找回从前那个乐观开朗的自己。不要抱怨他, 不要抱怨婚姻。也许他的确有错, 但是你的抱怨只会令他想要逃离。你不妨先放下心中的抱怨, 换一个角度, 站在他的立场上想想, 看看是不是自己也犯下了什么令他伤心的错误, 好吗?"

就这样, 虽然贝蒂不愿相信自己也有错, 但是还是按照露易丝的话尝试了一番。

没过几天，露易丝就接到了贝蒂的电话："亲爱的，谢谢你，我们和好了。原来只是一点小误会，但是因为我的抱怨反而让彼此都难以敞开心扉。我现在终于想明白了，女人实在不该抱怨。"

从那以后，贝蒂终于找回了从前的神采，每一天都容光焕发，活脱脱一个和以前一模一样的大美女。

"牢骚太盛防肠断，风物长宜放眼量。"现实就是如此，我们必须坦然面对，不能只知发牢骚，如果在牢骚中错过了人生正点的班车，那又将会在抱怨中错过下一次坐正点班车的机会。

正如泰戈尔所说："如果错过了太阳时你流了泪，那么你也要错过群星了。"

当我们的心中充满爱和真诚时，我们会感受到真正美好的生活。我们在爱和美的感觉中，内心会感到极大的放松；就不再会发牢骚，反而会调动所有的能量，向着主要目标去冲刺。

今年刚满30岁的苏珊是美国一家化妆品公司的创办人。小时候，她和奶奶一起生活在乡下。奶奶开了一个小杂货店，为人慈祥又和气，邻居们都喜欢和她聊天。每当那些喜欢抱怨、爱发牢骚的邻居到商店买东西时，奶奶总是会把苏珊拉到身边，让她看自己和邻居说话。

有一次，邻居爱普生来买香烟。奶奶问他："今天怎么样啊，爱普生老兄？"

爱普生长叹一声说道："唉，今天不怎么样啊，哈德森大姐。你看看，这天气这么热，气死人了。这种鬼天气，真要命啊！"

奶奶一边给他拿香烟，一边附和着说："是啊，是啊！嗯，嗯……"一直抱怨了十多分钟，爱普生才离开了小店。

又有一次，邻居汤姆一进店门就向奶奶抱怨道："哈德森大姐，真是气死我了！我再也不想干犁地这活儿了！尘土飞扬不说，驴子还不听使唤。我真是干够了！你看看我的腿、脚，还有手、眼睛、鼻子，到处都是尘土，我真是干够了！"

奶奶仍然是那副老样子，一边给他拿东西，一边附和着说："是啊，是啊！嗯，嗯……"

等汤姆发完了牢骚离开小店，奶奶把苏珊拉到身前，问她："孩子，你听到这些喜欢抱怨的人说的话了吗？"苏珊点点头。奶奶接着说："孩子，在每个夜晚都会有一些人：不管是白人还是黑人，不管是富人还是穷人，酣然入睡再也不会醒来。那些与世长辞的人，睡觉时不会感到暖和的被窝已变成冰冷的灵柩，身上的羊毛毯已变成裹尸布，他们再也不能为天气热或驴子不听话而唠叨一分钟。孩子，你要记住：不要抱怨，因为抱怨不能解决任何问题。如果你对现状不满意，那你就设法去改变它。如果改变不了，那就改变你的心态去面对这些问题，但你一定不要去抱怨什么。"

长大后，苏珊牢记着奶奶的话，无论遭遇多大的挫折，她也从未抱怨过什么，最终靠自己的勤奋和智慧打拼出了一片天地，成了业界有名的女强人。

"没什么大不了的。"不会抱怨的女人常常把这句话作为自己的口头禅，这是一份豁达，一种放弃痛苦的勇气。只有坦然面对现实中的是是非非，才能让自己从抱怨的沼泽中解脱出来。即使你真的想抱怨，也可以在抱怨的话没有说出口之前问问自己："抱怨有用吗?""抱怨了，我就会快乐吗?"如果你的回答是否定的，那么你还是把抱怨的话收起来吧。因为，不抱怨也是爱自己的一种表现。

英国的心理学家研究表明，觉得自己很幸福的人群中，有80%的人不会抱怨，而剩下的20%的人会偶尔地抱怨。抱怨，会把人带向痛苦的境地。所以，不要为了释放自己的压力而习惯性地去抱怨，时间久了，人们看到的将不再是一个有气质的美女，而是一个幽怨的主妇。

台湾的诚品书店里有这样一条标语："不抱怨的人一定是最快乐的，没有抱怨的世界一定最令人向往。"爱自己，就要给自己一份快乐，而不会抱怨的女人是最快乐的。因此，女人赶紧把自己从抱怨中解放出来吧，给自己的人生寻找一个积极的姿态，从而让自己更有气质。

5.别忘了，你是活给自己看的

　　生活如人饮水，终究是自己的一种感受。你若喜欢，就努力追寻；你若开心，就别管他人的目光。始终记得，你是活给自己看的。不必为了生活讨好谁，不必为了羡慕而成为谁，你就是你，独一无二，做最真实而珍贵的自己，就是最美的女人。

　　《伟大的安伯森斯》和《爱丽丝·亚当斯》的作者布恩·塔金顿曾是20世纪美国著名的小说家和剧作家。

　　在一次艺术家作品展览会上，有两个小姑娘十分敬仰地请他签名。

　　"我没有带钢笔，用铅笔可以吗?"布恩·塔金顿其实知道她们是不会拒绝自己的，他仅仅是想表现一下，身为一个著名作家谦和地对待普通读者的大家风范。

　　"当然可以。"女孩们爽快地答应了！一个女孩很快地将精致的笔记本递给布恩·塔金顿。他取出铅笔，潇洒自如地写上了几句鼓励的话语并签上了自己的名字。

　　不料，当女孩看过他的签名之后，却眉头紧锁，她仔细地观看布恩·塔金顿，问道："你不是罗伯特·查波斯?"

　　"不是，我是布恩·塔金顿，《伟大的安伯森斯》和《爱丽

丝·亚当斯》的作者，两次获得普利策奖。"

令人意想不到的是，这个女孩扭过脸来对另外一个女孩说："玛丽，请把你的橡皮借我用用。"

刹那间，布恩·塔金顿感到无地自容，所有的骄傲和自负化为乌有。

晚上回到家里，布恩·塔金顿仍然为白天的不快感到难过。这时，他的儿子来到他的面前，给了他一个橘子。布恩·塔金顿的儿子非常喜欢吃橘子，可布恩·塔金顿本人却很不喜欢吃橘子。于是，儿子就劝爸爸说橘子富含维生素，多吃对身体有好处。心情烦躁的布恩·塔金顿怒吼道："再好的橘子我也不喜欢吃，因为我压根就不喜欢橘子的味道。"

话音刚落，他突然意识到了什么，立刻高兴了起来。原来，他顿悟了一个道理：哪怕再好的橘子，也照样有人不喜欢。人何尝不是如此呢？

有许多心思敏感的女人，别人无意间的一句话，无意间的一个眼神，无意间的一个动作，都会让她的心荡起涟漪，久久不能平静。更有心思过重的女人，别人稍有不满的言辞，就让她在心里结了疙瘩，怎么也解不开。

其实，大可不必这样。你的价值，不能由他人来评定和证实，不管在什么环境下，你坚信自己是对的、好的，那就行了。因为，无论别人怎样说你，你依然还得做自己，不是吗？生活是自己的，你有权利选择怎样的生活方式。按照自己喜欢的、舒适的方式生活,超脱心灵的枷锁,才是幸福的意义。

一位《华尔街日报》中文网的女主编,没房,没车,没爱情。她对同事说,像她这样的女人,若是生活在家乡,简直太失败了。我没有房子、没有车、没有老公、也没有孩子,这么大的年纪了,似乎一无所有。可实际上呢?我觉得自己过得挺好的,所以我也不在意他们怎么说,怎么看。

不少人羡慕她的洒脱,问及如何才能做到不受别人评价的影响,她说出了自己的五条原则:

第一条,把自己的思想言行和自我价值区分开。别人的评价,只不过是他们对事情的看法,并不是真理,也不是不可改变的。认为对的就听,认为不对就一笑而过。对于那些企图支配自己的人,要坚持"你的意见跟我没关系",不按照他人的感情确定自己的价值,也不去跟他们解释,或者做出反驳,有些事不说还好,越解释越纠缠不清,不必浪费时间。

第二条,不奢望别人理解自己。自己的许多做法,别人可能无法理解,但这没什么大不了,也不需要他们一定理解。人的思想、修养、经历都不一样,不可能对别人的言行都能感同身受,如果每件事都要得到他人的理解之后再去做,那么人生的很多时光就已经错过了。更何况,就连我们自己也对很多人和事想不明白,可人家依然按照自己的方式活着。记住一句话,人不需要理解一切,也不可能理解一切。

第三条,不用过多征求别人的看法,相信自己的判断。许多事发生在你身上，而不是发生在别人身上，他们的看法不过是以他们的阅历和认知来判断的，根本不了解你的实际情况。或许，当他们置身于这些事里的时候，他们的做法是合适的；可放在你身上，就可能刚好相反。这就跟穿衣服是同样的道理。不同的身高、体重、气质，自然要选择不同的衣服，要是穿上不适合自己的服装，就可能惹来嘲笑。如此，你会变得更加不相信自己。

第四条，不要怕被人批评。想要从别人的目光中逃离，就要做好批评甚至挨骂的准备。当你不理睬他人的评价时，对方可能会说你自以为是，狂妄自大，目中无人。不必生气，也不必难过，这是很正常的事。世界上，那些与众不同的人往往会遭受非议，而你不采纳对方的意见，不理睬他的评价，本身就显示你的与众不同。

第五条，不要害怕被孤立。女人往往是害怕被孤立的，这意味着没有人理解支持，会感到无助。不过，真理有时就是站在少数人一边的，若因为认可自己行为的人少，就轻易地放弃，或者否定了自己，实在很可惜，也很不明智。不管你是少数还是多数，你认为对的，就该坚持，也值得坚持。

这五条原则，让她顺利地处理过许多复杂的情绪。起初是用这些话来提醒自己，慢慢地，就成了一种思维习惯和行事作风。她说，女人在自己的世界里，就该自己做主。其实，换个更简单的说法，想想自己是怎么评价别人的，自己心里的疙瘩也就容易解开了。

　　白岩松说:"行走在人群中,我们总是感觉有无数穿心掠肺的目光,有很多飞短流长的冷言,最终乱了心神,渐渐被缚于自己编织的一团乱麻中。其实你是活给自己看的,没有多少人能够把你留在心上。"亦舒在《忽而今夏》中说:"何必向不值得的人证明什么,活得更好乃是为你自己。"

6.就算你再怎么努力,也不能方方面面都让别人满意

　　《被嫌弃的松子的一生》是日本作家山田宗树的一部小说,后被改编成电影。故事中的女主角松子,简直成了告诫和提醒女人要自尊自爱的典型。

　　故事里有这样一个情节:松子的妹妹因为常年卧病在床,父亲对她照顾有加,几乎把所有的心思都放在了那个生病的小女孩身上。松子不理解,她也希望能够得到父亲的爱。一次偶然的机会,她做了一个搞怪又搞笑的鬼脸,逗得父亲笑了。她试了几次,很有效。自那以后,她便把做鬼脸当成了自己的招牌动作,遇到可怕或难堪的事情时,就会做这样的动作。

　　长大以后,她依然刻意讨好着周围的人,在爱情里更是

卑微。就算被男友大骂，每天提心吊胆地过日子，也不肯离开，还在奉献着自己的爱。影片中说，她所给予的是"上帝之爱"，她所有的努力讨好，不过是不想一个人生活。可最后呢？没有人同情她，珍惜她。她在孤独与可怜中死去。

真希望，每个女人都能从松子的人生悲剧里领悟到一些东西。也许，我们不会有和松子一样的遭遇，可那种刻意讨好、用卑微的姿态博取他人好感的事情，在生活里却总能找得到。也许，你希望对方可以成为你的知己，所以迁就着他的每种情绪；也许，你希冀着他人能赞美自己，违心地做着自己不喜欢的事，收敛着自己的真性情。可是结果，就跟松子一样，并不能让每个人都对你感到满意。

从小到大，受父母和环境的影响，她一直生活在纠结里。她已经记不清了，到底从什么时候开始，自己竟然不知何谓快乐，每天只是为了讨好别人活着。只要别人能满意、能开心，她就会倾尽心力去做，哪怕是她讨厌的事。

结婚后，她依然是这样。为了孩子和丈夫，她不停地忙活，除了顺从就是受气，每天提心吊胆，生怕说错话、做错事，活得小心翼翼。老公若是开心，她就会长舒一口气；老公若是绷着脸，她就不敢大声言语。她像是一只木偶，麻木地活着。丈夫总是疏远她，孩子也不愿意和她多讲话。这样的日子，让她备感压抑，自己付出了那么多，到底是为了谁？

绝望的时候，她在网上给一位心理医生留言说，她想死，了却这一生。

心理医生收到消息后，马上打电话给她，说要跟她见面谈谈。

她没有拒绝。或许，她并不是真的想结束生命，她只是压抑了太久，希望有人理解。

在心理医生的开导下，她说出自己的成长经历。她的父亲是个保守又严厉的人，不允许她出去玩，也不允许其他伙伴到家里找她，母亲每天小心翼翼地陪伴着，稍不留意就会招来打骂。她已经记不清楚自己挨过多少次打骂，只记得很多次她都在睡梦中被父亲的打骂声惊醒。父亲的坏脾气，让她慢慢地学会了顺从别人，隐藏自己。

在别人面前，她很少讲话，只是尽力去做事。在学校里，唯有学习能给她一点安慰。老师和同学都喜欢她，可很少有人知道，她为了让别人高兴，无数次地委屈了自己，明明做着不喜欢的事，却还要装出开心的样子。

大学毕业后，她依照父母的意思，相亲结婚。之后，就过起平淡的日子。起初，丈夫对她呵护有加，可如今却疏远了自己。看到丈夫和孩子与自己不亲近，而别人一家三口其乐融融，她实在无法面对，活得越来越痛苦。

她说起，为了讨好别人做出过怎样的努力，为得到别人认可怎样委屈自己，多么担心别人不喜欢自己，多么害怕遭到抛弃。

心理医生告诉她，正是这种心理和做法，让她在生活里受尽了折磨。她不懂什么是爱，也不知道怎么去爱，只是在努力讨好别人，博得好感。做这些事的时候，她已经失去了自己。为了遮掩自己的内心，刻意压制着各种情绪，外在的自己和内在的自己不停地争斗，在自伤的同时也被亲人疏远。

多么悲哀的女人！为了讨好别人，承受着不必要的委屈和伤痛。

女人要跳出别人的视线，跳出别人的世界，当别人疏远自己的时候，认真考虑：究竟是自己的问题，还是他人的问题？有错的话就不要找借口逃避，没错的话就抬头挺胸做自己。你若只顾得讨好别人，连自己都没有了，你还如何有能力去照顾别人？

做事之前，想想是心甘情愿的，还是被迫勉强的？想想现在做了，日后会不会后悔？如果是真心想去做，那么自然会做得很好，彼此都快乐；如果自己并非出自真心，能够付出的也有限，那就不要强迫自己。

妮可·基德曼的大名无人不知，无人不晓，这个被澳大利亚封为"国宝"的女人，高贵而典雅。初识她的时候，她站在巨星汤姆·克鲁斯的身边，只是一个小鸟依人的女人。

我非常清楚地记得，曾经看过一张照片，她穿着一袭长裙，依偎着汤姆·克鲁斯，妖娆妩媚。长裙的一侧开衩到大腿，她的一双美腿展露无疑。当时感觉十分惊艳，看图片下面的介绍，这样写着，汤姆·克鲁斯和新婚妻子妮可·基德曼。

他们是公认的金童玉女，时时刻刻展现着他们的幸福，可她只是花瓶。这样的身份，她也曾无怨地接受。虽然1995年的《不惜一切》，她扮演为走红，不惜教唆小情人为她杀夫的女主播，为她带来了一项金球奖，但，依然只是阿汤哥身边的女人。心甘情愿地做阿汤哥背后的女人，她当然是热爱家庭、以家为重的，所以一直把主要精力放在家庭和抚养孩子上面。

有的时候她也会想，如果自己能演一个很棒的角色该有多好呀，但妮可必须考虑汤姆·克鲁斯的生活。她和汤姆·克鲁斯之间有个约定，他们俩分开的时间不能超过两星期，所以她错过了很多很棒的角色。她想，和他合作的都是世界顶尖级的导演，能看着他表演就已经很幸福了。

然而结婚十年的时候，阿汤哥又爱上别的女人，昔日的金童玉女分道扬镳。对于一直以爱情以家庭为重的妮可·基德曼绝对是一个重大的打击，当大家议论纷纷，以为将看到一个委靡不振的失婚女人时，她却擦干眼泪，又容光焕发地出现在公众面前。她的绝世才华也是她从汤姆·克鲁斯的背后走出来才得以展现的，而且迎来了属于自己的事业春天。在《小岛惊魂》《红磨坊》《此时此刻》《狗镇》《翻译风波》等一系列影片中她均有杰出表现，如愿以偿拿到了奥斯卡小金人。

接受记者的采访时，她这样说，"终于可以随心所欲穿想要穿的礼服。以前每次参加奥斯卡，我都必须考虑汤姆的身高而不能穿高跟鞋，当然也不能穿他不喜欢样式的礼服，以前阿汤哥最计厌我穿红色的礼服，今年我倒是想穿一套闪亮的红色礼服，让喜欢我的影迷瞧瞧我艳丽的模样。"

如今，妮可·基德曼已过不惑之年，不过这并不妨碍她继续成为众多男人心中的女神。同时，她也是年轻女孩子学习的榜样。她美丽又优雅，坚强又有头脑。看看妮可这些年来的倩影，能学到的除了穿衣打扮外，还有她眼神中的独立和勇气。

她是一只破茧而出的蝴蝶，经历着完美的重生，飞上了世界的枝头，不落痕迹地活在影像中。都说一个女人的成熟，背后定然有个男人的身影，而妮可的惊艳，则是终于摆脱掉了那个叫做汤姆·克鲁斯的男人的光环。

讨好别人，是一件没有意义的事。就算你再怎么努力，也不能方方面面都让别人满意。与其如此，不如讨好自己。讨好自己，并不是教女人自私，而是学会"保护自己"。流言蜚语任它去，在心里设置一道隔音的墙，不让它扰乱自己的心智；烦躁压抑时，给自己找一个发泄的途径，买件礼物，享受美食，无不可以；受挫的时候，允许自己哭，允许自己闹，然后再好好安慰自己。做女人，这一辈子都要冷暖自知，唯有爱自己，讨好自己，才能培养出开朗自信的心境，坦然面对所有，不为外界的纷扰而痛哭流涕。

第七章

纵使白头，
也要不知疲倦的翻越每一个山丘

人生好比一座座山峰，在攀登的过程中，有悬崖也有峭壁，这时就需要我们有勇气去攀登。拥有勇气，你就向成功迈进了一大步。其实，所谓的成功者，与其他人的唯一区别就在于，别人不愿意去做的事，他们去做了，而且全身心地去做。

1.走自己的路，对自己的人生负责任

做人最可贵的事情莫过于坚持自己的看法，而不是盲目从众，以致在别人的观点里迷失了自己的人生路。

曾有一个小丑，一直很快乐地生活着。但渐渐地有些流言传到了他的耳朵里，说他到处被公认为是个极其愚蠢的、非常鄙俗的家伙。小丑窘住了，开始忧郁地想：怎样才能制止那些讨厌的流言呢？

一个突然的想法使他的脑袋瓜开了窍……于是，他一点也不拖延地把他的想法付诸实行。

他在街上碰见了一个熟人，那熟人夸奖起一位著名的色彩画家。"得了吧！"小丑提高声音说道，"这位色彩画家早已经不行啦……您还不知道这个吗？我真没想到您会这样……您是个落伍的人啦！"那个熟人感到吃惊，并立刻同意了小丑的说法。

"今天我读完了一本多么好的书啊！"另一个熟人告诉他说。

"得了吧！"小丑提高声音说道。"您怎么不害羞？这本书一点意思也没有，大家老早就已经不看这本书了。您还不知道这个？您是个落伍的人啦！"

于是，这个熟人也感到吃惊，也同意了小丑的说法。

"我的朋友杰克真是个非常好的人啊!"第三个熟人告诉小丑说,"他真正是个高尚的人!"

"得了吧!"小丑提高声音说道,"杰克明明是个下流东西。他侵占过所有亲戚的东西。谁还不知道这个呢?您是个落伍的人啦。"

第三个熟人同样感到吃惊,也同意了小丑的说法,并且不再同杰克来往。总之,人们在小丑面前无论赞扬谁和赞扬什么,他都一个劲儿地驳斥。

有时候,他还以责备的口气补充说道:"您至今还相信权威吗?"

"好一个坏心肠的人!一个好毒辣的家伙!"他的熟人们开始谈论起小丑了,"不过,他的脑袋瓜多么不简单!"

"他的舌头也不简单!"另一些人又补充道,"哦,他简直是个天才!"

最后,一家报纸的出版人,请小丑到他那儿去主持一个评论专栏。

于是,小丑开始批判一切事和一切人,一点也没有改变自己的做法和趾高气扬的神态。

现在,他是个曾经大喊大叫反对过权威的人——自己也成了一个权威了,而年轻人正在崇拜他,而且害怕他。

你一定会说,这些年轻人真是可怜啊,可怜得有点愚蠢。虽然这个故事有点夸张,但事实上,你有没有想过,有时候,自己也有过类似这些年轻人的行为。比如，在对一件事发表看法的时候，你从来都是附和所谓"权威"人物的观点，而不敢大胆说出自己的想法，再比如，在为人处事的过程中你经常按别人的反应来决定，而不是按照自己的意愿去决定等等。这是不自信的表现，也是虚荣心在作祟，你已经成了上面故事中崇拜小丑的"俗人"，丧失了按照自己意愿生活的能力。

自己拿主意，当然并不是一意孤行，孤芳自赏，而是忠于自己，相信自己，不轻易被别人的思想所左右。但是生活中，人人都难免有从众心理，常常会为了顾及面子而依附于他人的思想和认知，从而失去独立的判断，处处受制于人。这真是一种莫大的悲哀，作为一个人，要有自己的主见，不可盲目的追随别人。

意大利著名影星索菲娅·罗兰半个世纪以来出演了70多部影片，她用自己动人的风采、卓越的演技给人们留下了深刻的印象。她的美不是静止的，不是平面的，而是以一种最最浓烈的方式留给了电影。在1961年，她获得了奥斯卡最佳女演员奖。很多导演都由衷地说，与索菲娅·罗兰的美丽相比，奥斯卡简直不值一提。

然而，她的从影之路并不是一帆风顺的。

16岁时她一个人来到了罗马，但是，成功的路并不平坦，因为她的长相阻碍了她成为一名演员。刚到罗马时，她听到的是自己个子太高、臀部太宽、鼻子太长、嘴巴太大等非议，把她说得没有一点做演员的资格。

不过很幸运的是一位制片商看中了她。看中了她并不代表她的事业一帆风顺，索菲娅·罗兰去试了许多次镜，但摄影师都抱怨无法把她拍得更美艳动人。制片商听到了摄影师的抱怨，于是找到了索菲娅·罗兰并对她说："索菲娅，如果你真想干这一行，我建议你把你的鼻子和臀部'动一动'，做一次整容手术，那样就更会好些。"对于没有主见的人来说，这是一次千载难逢的机会，一定会按照制片商的说法去做。

但是索菲娅·罗兰是个不愿意随波逐流的人，她断然拒绝了制片商的要求。在她的心里，始终坚持着这样的一个原则：我就是我自己，只有做好了自己，我才能向他人学习。

索菲娅·罗兰要靠自己内在的气质和精湛的演技来征服观众，她理直气壮地说："对不起，我不能这样做，我就是我自己，只有做好了自己，我才能向别人学习，这是我的原则。虽然我的鼻子太长，但它是我脸庞的中心，它赋予了我脸庞的独特个性，我很喜欢它。至于别人怎么说，我无法改变，因为嘴是长在他们的脸上。我只要坚持我的原则就够了。"

虽然很多议论对索菲娅·罗兰不利，但她没有因为别人的议论而停下自己奋斗的脚步，反而越挫越勇。从17岁正式进入电影界，她一生拍了100多部影片。索菲娅·罗兰的演技达到了炉火纯青的程度，她得到了观众的认可，观众很喜欢她的善良和纯情。索菲娅·罗兰在事业上不断取得成功。

她刚出道时遭到的那些诸如鼻子长、嘴巴大、臀部宽等议论都不见了，她得到了更多的好评，以前的缺点成为当时评选美女的标准。20世纪末，索菲娅·罗兰已经60多岁了，但是，她仍然被评为了那时"最美丽的女性"之一。

当后来有人问起索菲娅·罗兰的成功时，她是这样回答的："我谁也不模仿。我不去奴隶似的跟着时尚走。我只要做我自己。当你把自己独特的一面展示给别人的时候，魅力也就随之而来了。"

德国诗人歌德说："谁若游戏人生，他就一事无成，谁不能主宰自己，他永远是一个奴隶。"不要等别人去安排你的人生，因为也许他们会很忙，而且未必就能安排得好。你终究是属于自己的，没有人可以真正对你的人生负全责，哪怕你最爱的人和最爱你的人也不能。

所以，如果你想过好自己的人生，那就要学会主宰自己的命运，即使它会让你失败，那也是属于你自己的人生，当你生命将尽时你才不会后悔，因为你拥有了属于自己的命运。你不需要问自己是谁，未来会怎样，你是你自己的，这一切自己决定就好。

乔治·萧伯纳有这样一段名言："征服世界的将是这样一些人——开始的时候，他们试图找到梦想中的乐园，最终，当他们无法找到时，就亲自创造了它。"生命的精彩在于创造，你的未来掌握在自己手中。

2.你之所以纠结，是因为犹豫太多了

人的能力有大小，术业有专攻，但是即使是相同能力的人成就也会不同，因为人生是"总合力"。有人做事情有魄力，敢决断，如果给予适当的机会就能独挡一面；而有些人，做事顾虑重重，性格内敛低调，所以只适合做配角，成就自然也就不能和有魄力的人同日而语。

魄力是一个人在处理事情时所展现出来的从容、干练、不拖泥带水的作风。在人生的长河中，我们每个人都会遇到需要做决定的关键时刻，这些时候可能会改变我们一生的命运。因为任何人的成功都离不开理智的思考和果断的决策，而有魄力的人在做决定时，会忽略非重要细节对整体的影响而做出正确的决定或选择，所以有时候魄力可以让一个人力挽狂澜，在困境中起死回生。

唐高祖李渊即位以后，封李建成为太子，李世民为秦王，李元吉为齐王。

三个人当中，数李世民功劳最大。太原起兵，原是他的主意；在以后的数次战斗中，他立的战功也最多。李建成的战功不如李世民，只是因为李建成是高祖的大儿子，才取得了太子的地位。

　　李世民不但有勇有谋，而且手下有一批人才。在秦王府中，文的有房玄龄、杜如晦等，他们号称"十八学士"；武的有尉迟敬德、秦叔宝、程咬金等著名勇将。太子建成自知威信比不上李世民，心里妒忌，就和弟弟齐王李元吉联合，一起排挤李世民。

　　李建成和李元吉知道唐高祖宠爱一些妃子，就经常在这些宠妃面前拍马送礼，讨她们的欢喜。李世民就没有这样做，他平定东都之后，有的妃子私下向李世民索取隋官里的珍宝，还为她们的亲戚谋官做，都被李世民拒绝了。于是，宠妃们常常在高祖面前说太子的好话，讲秦王的短处。唐高祖听信宠妃的话。跟李世民渐渐疏远起来。

　　李世民多次立功，令李建成和李元吉更加忌恨，千方百计想除掉李世民。

　　有一次，李建成请李世民到东宫去喝酒。李世民喝了几盅，忽然感到肚子痛。下人把他扶回家里，他一阵疼痛，竟呕出血来。李世民心里明白，一定是李建成在酒里下毒了，赶快请医服药，总算慢慢好了。

　　李世民对此一再忍让，可李建成却步步紧逼。他和李元吉又想出了挖空秦王府的主意。公元626年，突厥侵犯中原，李建成向李渊建议，让李元吉出征迎战。李渊同意了，李元吉却提出要调李世民手下的大将尉迟敬德、秦琼等一起出征，还要求把秦王府的兵马都划归他管。李世民这边打听到消息说，李元吉把这些人马调去后将全部活埋，进而除掉李世民。

千钧一发、性命攸关之际,尉迟敬德不干了,他激愤地表示:"我不能留在大王这儿,陪着挨杀!"长孙无忌等人也认为,他们不仁,我们也可不义,应该先下手把他们除掉。李世民看他的部下十分坚决,就下了决心。

当天夜里,李世民进宫向唐高祖告了一状,诉说太子跟元吉怎么谋害他。

唐高祖答应等明天一早,叫兄弟三人一起进宫,由他亲自查问。

第二天早上,李世民叫长孙无忌和尉迟敬德带了一支精兵,埋伏在皇宫北面的玄武门,只等李建成和李元吉进宫。

没多久,李建成和李元吉骑着马朝玄武门来了,他们到了玄武门边,觉得周围的气氛有点反常,心里犯了疑。两人掉转马头,准备回去。

李世民从玄武门里骑着马赶了出来,高喊说:"殿下,别走!"

李元吉转过身来拿起身边的弓箭就想射杀世民,但是心里一慌张,连弓弦都拉不开。李世民眼疾手快,射出一箭把李建成先射死了;紧接着,尉迟敬德带了七十名骑兵一起冲了出来,尉迟敬德一箭,把李元吉也射下马来。

东宫和齐王府的将士听到玄武门出了事,全部出动,猛攻秦王府。

李世民一面指挥将士抵抗,一面派尉迟敬德进宫。

唐高祖正在皇宫里等着三人去朝见,尉迟敬德手拿长矛气喘吁吁地冲进宫来，说："太子和齐王发动叛乱，秦王已经把他们杀了。秦王怕惊动陛下，特地派我来护驾。"

李渊听了，大吃一惊。面对这样的形势，他只好顺势应变，立李世民为太子。两个月后，他又传位给李世民，李渊从此做了太上皇。

这场流血事件就是历史上有名的"玄武门之变"。

凡成大事者，要有非凡的魄力。而有魄力的人要具备很多素质。如快速反应、快速判断、快速取舍、快速行动、快速修正。倘若一个人的气场过于弱小，做事情犹豫不决，那么就会左顾右盼、思前想后，从而错失成功的最佳时机。

要想成就事业就必须有魄力，畏首畏尾、抱残守缺和目光短浅注定不会有所作为。

安东尼·吉娜是目前纽约百老汇中最年轻、最负盛名的演员之一，她曾在美国著名的脱口秀节目《快乐说》中讲述了她的成功之路。

几年前，吉娜是大学里艺术团的歌剧演员。那时她就向人们展示了一个璀璨的梦想：大学毕业后先去欧洲旅游一年，然后要在百老汇成为一位优秀的主角。

第二天，吉娜的心理学老师找到她，尖锐地问了一句："你旅欧完后去百老汇跟毕业后就去有什么差别？"吉娜仔细一想："是呀，赴欧旅游并不能帮我争取到百老汇的工作机会。"

于是，吉娜决定一年以后就去百老汇闯荡。

这时，老师又冷不丁儿地问她："你现在去跟一年以后去有什么不同？"吉娜有些晕眩了，想想那个金碧辉煌的舞台和那只在睡梦中萦绕不绝的红舞鞋，她情不自禁地说："好，给我一个星期的时间准备一下，我就出发。"老师却步步紧逼："所有的生活用品在百老汇都能买到，为什么非要等到下星期动身呢？"

吉娜终于说："好，我明天就去。"老师赞许地点点头，说："我马上帮你订好明天的机票。"

第二天，吉娜就飞赴全世界最巅峰的艺术殿堂——纽约百老汇。当时，百老汇的制片人正在酝酿一部经典剧目，几百名各国演员前去应征主角。按当时的应征步骤，是先挑选出十来个候选人，然后让他们按剧本的要求表演一段主角的念白。这意味着要经过百里挑一的艰苦角逐。

吉娜到了纽约后，并没有急于去美发店漂染头发和买靓衫，而是费尽周折从一个化妆师手里拿到了将排的剧本。这以后的两天中，吉娜闭门苦读，悄悄演练。初试那天，当其他应征者都按常规介绍着自己的表演经历时，吉娜却要求现场表演那个剧目的念白，最终以精心的准备出奇制胜。

就这样，吉娜来到纽约第三天，就顺利地进入了百老汇，穿上了她演艺人生中的第一只红舞鞋。

魄力对于想成功的人而言很重要，在逆境时它可以起到力排众议、不畏邪势、敢做敢当的作用；在顺境时，它又可以起到锐意进取、除旧布新、引领风骚的作用；所以那些真正有魄力的人，会用那种积极进取的精神和排除万难的胆识感染周围的人，从而一举获得成功。

3.拿出最大的勇气去拼搏吧

古今中外，并不缺少才华横溢的人，但是为什么有那么多人的才华一生得不到彰显，最终只能郁郁寡欢？中国有句古训："才、学、胆、识，胆为先。"究其原因，那些满腹经纶的人才华之所以不得施展是其气场太弱，而气场弱的真正原因是，没有胆量。有才华的人很多，但真正有胆量的人，却是少之又少。光有才华，但是却没有胆量实践，气场就不能完全显现。

俗话说：万事开头难。难在哪？难就难在没有胆量迈出第一步。每当遇到一个困难时，内心首先都要打个问号，这个我能办到吗？其实人人都能忍受灾难和不幸，并通过努力战胜它们。但是现实中就是有人怀疑自己的能力，此时变得没有胆量。殊不知，人类有惊人的潜力。只要我们加以利用，便能引领我们渡过难关。我们其实可以比想象的更加坚强，更有胆量，战胜一个又一个困难后，有了胆量，也就能够提升气场。

曾经有名人说过：懦夫可以死很多次，但勇敢的人却只死一次，勇敢的人拥有强大的气场，死神也会敬而远之。因此我们要学会控制恐惧，不要让心里莫须有的恐惧影响自己，即使真的失败了，鼓起重新战胜困难的勇气就可以，否则你的气场就会消失，之前所做的努力也会白费。

当然，我们这里所说的胆量，不仅是单纯地指对待事物的态度，还是一种对待未知事物的勇气，一种能够洒脱取舍的智慧。勇气也是有个性的，它只会青睐那些坦然面对天地、不惧、不恐、不惊，关键时刻能勇于献出一切的人，而有勇气的人，一定会有气场，而有气场的人容易成功。

灵帝中平元年（公元184年），黄巾起义爆发，曹操在镇压起义军的战争中，战功卓著，被朝廷提拔为济南相，后来又被封为议郎。但当时的官场黑暗，曹操不肯迎合权贵，就辞官回家隐居去了。

中平六年（公元189年），董卓废掉了原来的皇帝，立陈留王刘协为帝，这就是汉献帝。然后他又自封相国，专擅朝政。这自然引起了其他贵族的反对，于是，一个讨伐董卓的集团形成了。

汉献帝初平元年（公元190年）正月，十八路诸侯在关东起兵讨伐董卓，他们共同推举袁绍为盟主。曹操也以奋武将军的身份参加了战争。同年二月，董卓见形势不好，就把汉献帝送到长安（今陕西西安西北）去了，然后自己留在洛阳抵御关东军。董卓的西北军战斗力很强，所以10几万关东军都龟缩在酸枣（今河南延津北）一带，谁也不敢去打洛阳。

这时，曹操不管别人怎么干，自己带着几千兵马杀了上去。结果寡不敌众，被董卓的大将徐荣打得十分狼狈，几乎全军覆没，如果没有曹洪的相救，自己都差点交代了。回到酸枣以后，曹操建议各路诸侯分兵去攻打武关（今陕西丹凤东南），这样就可以把董卓包围，但他的建议根本就没人采纳。

初平三年（公元192年），司徒王允与吕布在长安设计干掉了董卓。结果，董卓部将李傕、郭汜为了给董卓报仇，杀入了长安城，他们先杀了王允，接着又去进攻吕布，从此，国家陷入一片混乱，州郡牧守各据一方，形成了诸侯割据的局面。

李傕、郭汜控制长安后，就劫持了汉献帝刘协，接着就在城中烧杀抢掠，无恶不作。后来，汉献帝的岳父董承，联合了各地的力量把汉献帝从李傕的手中夺了过来，又把他迎回了东都洛阳。但这时，洛阳早就被董卓烧毁了一片废墟了，别说皇宫了，连稍微像样的房子都没有，汉献帝和文武官员，只得先搭几个草棚住下再说。现在，住的问题解决了，但吃的问题也挺大，不要说粮食，就连野草也很难找到，不少大臣就饿死在墙角、路边了。

而各地的军阀正忙着扩大自己的地盘，根本就没人管这个有名无实的汉献帝，各地军阀的混战又加剧了百姓的苦难。原来的义军被镇压了,又有新的义军组织起来了,他们仍打着黄巾军的旗号。没多久,他们就攻下了兖州,杀死了兖州刺史刘岱。

这时候的曹操,也已经脱离了关东联军,自己带着人跑到扬州去了。当他到了徐州的时候,听说刘岱被杀,知道自己的机会来了,于是他就派谋士陈宫到兖州去游说。

这时候,兖州的官吏绅士们正群龙无首,怕得要命呢,于是他们就拥护曹操当了兖州牧,就这样,曹操有了自己的地盘,他开始安下心来镇压黄巾军了。

这时候,其他的军阀也已经壮大了自己的势力,汉献帝已经是个光杆司令了。但他毕竟还是名义上的皇帝。袁绍的谋士沮受就建议说:"应该把汉献帝接到咱们这里来,到时候,我们就可以'挟天子以令诸侯'",但袁绍这个人刚愎自用,根本就没把这个空头皇帝放在眼里,认为有他没他都无所谓。

与此同时,驻兵许昌的曹操也在踌躇不定,应该怎样对待这个皇帝呢?

就在曹操不知该怎么办的时候,他的谋士荀彧对他说:"春秋时候,晋文公重耳保护周襄王,成了霸主;汉高祖为义帝发丧,打败了霸王项羽,建立了大汉王朝。所以我认为,我们应该把落难的皇帝迎接到我们这里来,这样做既可以赢得民心,到时候我们还能'挟天子以令诸侯',我们不能错过这个时机呀!"

曹操听了,深为所动,立即派曹洪带领一支人马到洛阳去迎接汉献帝。当时,朝廷中的大臣们还以为曹操是来杀皇帝的，就急忙发兵阻拦曹洪的人马。没办法，曹操只好自己亲自跑到洛阳去接汉献帝，他对汉献帝和众大臣们说："我那里条件还是比这好一点的，如果圣上到许昌去，就不用在这里受苦了。"献帝和众大臣苦日子早就过够了，听说许昌有吃有喝有房住，哪还想那么多呀！都巴不得早点过去。就这样，许昌就变成东汉的临时都城，称为许都。

到了许都以后，曹操给汉献帝建造了宫殿，又恢复上朝的朝仪。曹操自封大将军，开始用献帝的名义向各地割据的军阀发号施令。这就是"挟天子以令诸侯"。

在困难面前表现出懦弱的人是不会获得成功的。懦弱者常常害怕机遇，因为他们不习惯迎接挑战。他们从机遇中看到的是忧患，而在真正的忧患中，他们又看不到机遇。

西方有句名言说：失败的人不一定懦弱，而懦弱的人却常常失败。

人都有其懦弱的一面，但关键的是聪明的人能够战胜内心深处的懦弱，获得向上的精神动力。勇敢是每一个人都需要的品质。在困境面前，能够克服自己的懦弱，勇敢地迎接挑战，才能获得命运的青睐。

那些获得成功的人们，如果当初在一次次人生的挑战面前，因恐惧失败而退却，放弃尝试的机会，则不可能有所谓成功的降临。没有勇敢的尝试，就无从得知事物的深刻内涵，而勇敢地去做了，即使失败，也能获得宝贵的体验，从而在命运的挣扎中，愈发坚强，愈发有力，愈接近成功。

人生的道路坎坷曲折，每个阶段都不是一帆风顺的，在人生的道路上会有很多想象不到的困难和挫折。在困难和挫折面前，永远不要认输，锻炼自己战胜困难的胆量，风雨后，总会见到彩虹，那时的你，就会是人人尊敬的人。

4.你若不勇敢，谁替你坚强

古罗马的奥维德曾经说过："一匹马如果没有另外一匹马紧紧追赶着并要超过它，就永远不会疾驰飞奔。"其实这个道理也适合于人。如果生活中没有挑战，也就失去了意义和该有的色彩。

人生路上，困厄无处不在，只有勇于面对困厄、坚强奋进的人，才能去开启成功的大门。因而，我们一定要记住：在困厄面前，畏缩逃避是怯懦者的行为；真正的成大事者，必须具有直面困厄的信心、毅力、勇气！

有一句哲言说："海浪为劈风斩浪的航船钱行，为随波逐流的轻舟送葬。"当人生经历狂风暴雨，遭遇激流险滩阻碍航程之时，如果我们能够乘风破浪、勇往直前，定能"直挂云帆济沧海"；如果我们畏惧风暴、恐惧艰险，等待我们的一定是被风浪吞噬、断送前程。在人生旅途中，当困厄发生，唯有勇者才可突破困境、开创新生；畏缩逃避的弱者，将永远沉浸于困厄所酿造的痛苦中，无法走出低谷深渊，更无法实现梦想、获得成功。

1983年的一天，一个女婴在美国亚利桑那州图森市的一家医院呱呱坠地，令人惊愕的是，女婴一出生就没有双臂，连见多识广的医生也无法解释这个奇怪的现象。

虽然身体上有不可弥补的缺憾，女婴还是在父母的疼爱下成长为一个可爱的小女孩。

有一天，女孩站在阳台上，看到一群与自己同龄的孩子在阳光下欢快地奔跑着，他们正张开天使翅膀般的双臂追逐起舞，女孩十分伤心地向母亲哭诉命运的不公，竟然不肯给她一双拥抱世界的手臂。

母亲温柔地安慰她："亲爱的宝贝，或许上帝的确有些偏心，但他是要送给你更多的梦想，他是想让你用行动去告诉人们——即使没有翅膀，也可以高高地飞翔，就像没有修长的十指，你同样可以写出漂亮的文章，可以弹出美妙的琴声……"

女孩仰起头来，不确信地问："我真的能做到吗？"

母亲坚定地告诉她："只要你的梦想没有折断翅膀，你就一定能飞得很高很高。只要你肯付出努力，就一定能做得到。"

女孩对母亲的话深信不疑，她的目光一遍遍地抚摸着自己那双看似普通的脚，并对自己说："我有一双非凡的脚，它不只可以用来奔走, 还可以用来飞翔。"

从此, 女孩开始在父母的指导帮助下, 有计划地锻炼自己双脚的柔韧性、灵活度和力量。因为怀揣梦想, 女孩经历了谁都无法计算的失败, 克服了难以想象的困难, 终于在人们惊讶的眼光中, 练出了一双异常灵活的脚。

女孩后来不仅可以用双脚吃饭、穿衣, 轻松地实现生活的自理, 还学会了用脚弹琴、写字、操作电脑……常人所能做到的一切, 她用双脚几乎全做到了。当她自豪地在人们面前展示自己非同寻常的"脚功"时, 当初那些用异样的眼光看她的人, 目光中渐渐地充满了钦佩。

在女孩14岁那年, 她一脸阳光地穿着无袖的上衣, 彻底扔掉了那副装饰性的假肢, 走进校园、商场、街区……她觉得自己除了没有常人那样的一双臂膀, 并不缺少什么。

女孩用自己的双脚创造了一个又一个奇迹, 从小学到中学, 她读书刻苦, 作业写得总是一丝不苟, 学习成绩始终名列前茅。她的老师和同学无一不敬佩她的坚毅和自强。

当女孩拿到亚利桑那大学心理学专业的学士学位证书时, 父亲自豪地鼓励她: "孩子, 你还可以做得更棒!"

女孩自信地笑着告诉家人: "爸爸说得对, 我还可以做得更棒!"为了保持腿部的灵活性与韧性, 女孩需要增强腿部肌肉的力量。为此, 她不仅坚持跑步, 还成了一家跆拳道馆里小有名气的高手, 也是碧波荡漾的泳池里的一条自由穿梭的美人鱼……

在一次体检中，医生指着给她拍的X光片，惊奇地感叹："她的双脚经过锻炼已变得异常敏捷，她的脚趾关节竟然像普通人的手指关节一样灵活自如。"

后来，女孩走进了汽车驾驶学校，很快便掌握了驾车的各项技术，顺利地拿到了驾照，并能用双脚娴熟地驾车御风而行……

但是女孩对自己所取得的这些成绩并不满足，她还想要亲自驾驶飞机，拥抱苍穹。

看到亲自驾车来报名的女孩目光中流露出的从容、淡定与果决，曾经培养出许多飞行员的著名教练帕里什·特拉威克就知道她一定会像一只矫健的雄鹰那样飞上蓝天的。

如他所料，女孩在学习飞机驾驶的时候丝毫不逊色于那些身体健全的飞行员，甚至比不少学员表现得更出色。

果然，她冷静、沉着地用一只脚操纵着控制板，用另一只脚操纵着驾驶杆，滑行、拉起、升空……她的每一个动作都十分准确、到位。教练帕里什·特拉威克后来回忆说："她驾驶飞机时非常冷静和稳定。事实证明，她是一个优秀的飞行员，一旦你和她在一起待上20分钟，你甚至会忘掉她没有双臂的事实。她向人们展示，人可以克服所有的限制，她真是太令人难以置信了。"

女孩在25岁的时候，如愿拿到了轻型运动飞机的私人驾照，开创了美国飞行史的先例，因为她是第一个只用双脚驾驶飞机的合法飞行员。

这个女孩的名字叫做杰西卡·考克斯。

如果将我们人生道路上的一切艰难险阻比喻成一个山洞,那么身陷困厄的我们就如同这个被困于山洞中的人一样,是否能够突破阻碍、获得成功,关键在于我们是否能够直面困厄、坚韧拼搏、奋勇前进。

正如莎士比亚所说:"那些因为害怕蜜蜂针刺而不敢靠近蜂巢的人不配享用蜂蜜。"如果只满足于现在,不去挑战,又怎么会发现自己无穷的潜力,怎么去改变自己,改变世界。

霍金是当代最杰出的理论物理学家,一个科学名义下的巨人。在这绚烂的光环之下,他是一个坐着轮椅、挑战命运的勇士。

史蒂芬·霍金,出生于1942年1月8日,那一天刚好是伽利略逝世三百年纪念日。

从童年时代起,运动从来就不是霍金的长项,几乎所有的球类活动他都不行。进入牛津大学后,霍金注意到自己变得更笨拙了,有一两回没有任何原因地跌倒。一次,他不知何故从楼梯上突然跌下来,当即昏迷,差一点儿死去。

直到1962年霍金在剑桥读研究生后,他的母亲才注意到儿子的异常状况。刚过完21岁生日的霍金在医院里住了两个星期,经过各种各样的检查,他被确诊患上了"卢伽雷氏症",即运动神经细胞萎缩症。

大夫对他说,他的身体会越来越不听使唤,只有心脏、肺和大脑还能运转，到最后，心和肺也会失效。霍金被"宣判"只剩两年的生命，那是在1963年。

霍金的病情渐渐加重。1970年，在学术上声誉日隆的霍金已无法自己走动，他开始使用轮椅。直到今天，他再也没离开它。但是，永远坐进轮椅的霍金，依然在极其顽强地工作和生活着。1991年3月的一天，霍金坐轮椅回柏林公寓，过马路时被小汽车撞倒，左臂骨折，头被划破，缝了13针，但48小时后，他又回到办公室投入工作。

虽然身体的残疾日益严重，霍金却力图像普通人一样生活，完成自己所能做的任何事情。他甚至是活泼好动的——这听来有点好笑，在他已经完全无法移动之后，他仍然坚持用唯一可以活动的手指驱动着轮椅在前往办公室的路上"横冲直撞"；在莫斯科的饭店中，他建议大家来跳舞，他在大厅里转动轮椅的身影真是一大奇景；当他与查尔斯王子会晤时，旋转自己的轮椅来炫耀，结果轧到了查尔斯王子的脚趾头。当然，霍金也尝到过"自由"行动的恶果，这位量子引力的大师级人物，多次在微弱的地球引力左右下，跌下轮椅，幸运的是，每一次他都顽强地重新"站"起来。

1985年，霍金动了一次穿气管手术，从此完全失去了说话的能力，只能用三个指头和外界交流——到目前更是只剩下眼皮了。他就是在这样的情况下，极其艰难地写出了著名的《时间简史》，探索着宇宙的起源。

霍金的科普著作《时间简史——从大爆炸到黑洞》在全世

界的销量已经高达2500万册，从1988年出版以来一直雄踞畅销书榜，创下了畅销书的一个世界纪录。

有人将霍金的成功归于天分。试想一下，如果他空有一身的物理天才细胞，却被病魔打到了，还会有后来的成就吗？所以说，他顽强勇敢和不断探索科学的精神值得我们学习的。

霍金身体力行，让我们明白，人生需要挑战，不能让外界的因素束缚你，正如莎士比亚所说："我们知道我们现在是什么样的人，但不知道我们可能成为什么样的人。"经过挑战磨练的人，会发现自己又向前迈进了一步，意志更坚强，将来取得的成就越辉煌。

5.也许就一次出发的勇气，便唤起内心的坚定

生活中难免遇到让我们感到痛苦和绝望的事情，但是挫折和失败都是成功的向导，只要我们有勇气迎接挫折，就会对生活更多一层领悟，更了解人生的真谛。塞翁失马焉知非福？只要存在一丝希望，生命的转机也会存在。哲学家科林斯说："不经历挫折，成功也只是暂时的表象，只有历经挫折的磨难，成功才能像纯金一样发出光来。"

1833年10月21日，诺贝尔出生于瑞典首都斯德哥尔摩。父亲是一位建筑工程师，喜欢研究化学，制造炸药。

诺贝尔出生不久，家里遭受了一场火灾，损失很大。由于生活困难，父亲只身外出，先到芬兰，不久又到了俄国。在俄国时，他在机械和炸药方面的一些发明创造受到重视。老诺贝尔在那里开办了一个工厂。经济情况好转之后，父亲便把全家搬到俄国圣彼得堡去了。

诺贝尔8岁时，曾进入斯德哥尔摩一所小学读书。他在该小学只上了一年。这一年的小学生活，是诺贝尔一生中接受的唯一一次正规学校教育。据说，学校曾向他家里发出过这样的通知："你的儿子诺贝尔，身体羸弱，上课时常头晕。除算术与图画两科勉强及格，其余均不及格，且天性乖僻。请自下学期起改送他校就读。"

诺贝尔上过一年小学后，一直在家里自学。到俄国后，由于语言不通，加上身体不好，再没有进学校读书。父亲给他和两个哥哥请了俄国家庭教师，除教授俄语、英语、法语、德语等语言外，还经常讲授一些科学技术方面的知识。诺贝尔对这些知识很感兴趣。15岁时，父亲让他到自己开办的工厂里做点事。诺贝尔对工厂的日常事务感到厌烦，却非常喜欢帮助父亲研制鱼雷和炸药。

1850年，诺贝尔到巴黎学习化学。一年后，他又被父亲送往美国学习机械。在四年学习期间，他参观了很多工厂，学到了很多自然科学知识。离开美国后, 他还游历了德国、丹麦、意大利和法国。这时, 他在自然科学和工程技术方面已经具备坚实的基础了。

1855年, 彼得堡大学的两位教授前来诺贝尔工厂拜访, 一位是著名的化学家、诺贝尔过去的家庭教师尼古拉·吉宁博士, 另一位是药学家尤利·特拉普博士。他们恳请诺贝尔的父亲研制一种威力更大的炸药。很巧的是诺贝尔正在对此进行研究。吉宁博士见自己的学生进步这么快, 非常高兴。他从皮箱内取出一个小瓶, 里面装有一种油状液体, 诺贝尔一看便知道那是硝化甘油。那时候见过这种易燃易爆物质的人并不多。它的发明人索布雷罗先生因实验时发生爆炸身受重伤, 这之后就再无人敢继续研究了, 但是诺贝尔却不畏艰险, 不怕困难, 准备继续研究。

父亲答应了吉宁博士的请求。从此诺贝尔便与硝化甘油结下了不解之缘。

由于俄国在克里米亚战争中战败, 诺贝尔工厂因接不到军方的生产订单而告破产。1859年, 诺贝尔的父亲离开圣彼得堡回到瑞典后, 在斯德哥尔摩市郊的海伦涅堡建立了一个小型实验室, 准备研究威力更大的炸药。

1863年, 诺贝尔应父亲之召回到瑞典, 同父亲一道研究新式炸药。但诺贝尔与父亲的思路恰好相反, 他把硝化甘油作为爆炸物的主体, 把黑色火药仅仅作为引爆的辅助因子。

炸药的研究发明工作是最具危险性的, 诺贝尔为此研究付出了不小的代价。1864年9月3日，"轰"的一声巨响，从诺贝尔研究液体硝化甘油的实验室中发出爆炸声。在这次事故中，诺贝尔的5名助手和他的弟弟当场被炸死，而诺贝尔本人侥幸逃过此劫，但他的一只耳朵也被巨响震聋了。

面对失败，诺贝尔并没有退缩，反而更加坚定了他坚持到底的决心。他把实验地点选到了位于郊外的马拉湖上的一艘平底船上，并把所有的设备搬到了那里继续他的研究工作。

诺贝尔按照他的研究，终于发明了装有雷汞的雷管，用来引爆炸药。可是实践证明，硝化甘油长时间存放后会分解，受到强烈震动也会引爆。诺贝尔决心研究出更为可靠安全的炸药。风险与成功并存。终于有一天，"轰"的一声巨响，惊天动地，实验室笼罩在滚滚浓烟中，瓦砾横飞。

许多人闻声赶来，惊恐地叫道："诺贝尔完了！诺贝尔完了！"

正当人们惊魂未定时，诺贝尔却从烟雾弥漫的瓦砾堆中爬了出来，只见他满身灰尘，鲜血淋漓。他一跃而起，用血污的手指指着破碎的衣服，高兴得热泪盈眶。

他狂呼："我成功了！我成功了！"

这就是诺贝尔在1863年完成的第一项具有划时代意义的发明，即"诺贝尔专利炸药"，又称硝化甘油炸药。这一发明取得了瑞典、丹麦、英国等多个国家的专利证书。

1866年10月，经过上百次的失败后，诺贝尔终于制成了命名为"达纳炸药"的黄色固态炸药。"达纳"一词在希腊语中是"强力"之意。他在柏林东郊进行了黄色炸药的公开试验,并大获成功。随后,诺贝尔以他矢志不渝的精神研制和发明了雷汞炸药、安全炸药、无烟炸药等多种炸药,为人类作出了重大贡献。

诺贝尔一生致力于炸药的研究,共获得技术发明专利355项,并在欧美等五大洲20个国家开设了约100家公司和工厂,积累了巨额财富。

1895年11月27日,诺贝尔立下了一个独特的遗嘱,把自己一生的积蓄捐献出来当作基金,将其利息作为奖金,每年奖给世界上对物理、化学、医药学、文学和促进世界和平有特殊贡献的人。后来,又增加了经济学,这就是现在很多科学家为之骄傲的"诺贝尔奖金"的由来。

勇气是一种战胜恐惧的有力武器,是克服害怕失败、害怕丢脸等恐惧心理最有力的武器。

要不甘于平凡,勇于挑战自我,挑战潜能,下定决心,铁了心去做。一生中你可能会面对不同的局面,但必须时刻记住:要为梦想去奋斗。你有信心获得成功,你就能成功,因为,你体内有一股巨大的潜能。你勇敢,困难便退却;你懦弱,困难就会变本加厉地欺负你。你勇敢,就可能成功;你懦弱,则肯定会失败。所有失败,都可以算作你的宝贵经验。所以,只要勇气还在,你仍有成功的希望。

6.爬过这座高山，你便会发现全新的世界

人生好比一座山峰，需要我们去攀登。在攀登的过程中，有悬崖也有峭壁，这时就需要有勇气去攀登。勇气是成功的前提，拥有勇气，你就向成功迈进了一大步。其实，所谓的成功者，他们与其他人的唯一区别就在于，别人不愿意去做的事，他们去做了，而且全身心地去做。所以，成大事其实只需要那么一点点勇气。

强者从来不知道什么叫失败。他们让人敬佩的地方在于永不言败的精神，更是那屡败屡战、越战越勇，最后达到胜利的勇气。一个人即使什么都没有了，但至少还有勇气，那是人生最大的财富；有了勇气，就拥有了一切，就能够成为出类拔萃、脱颖而出的强者。

威尔逊先生是一位成功的商人，他从一个普普通通的事务所的小职员做起，经过多年奋斗，终于拥有了自己的公司、办公楼，并且受到了人们的尊敬。

有一天，威尔逊先生从他的办公楼走出来，刚走到街上，就听见身后传来"嗒嗒嗒"的声音，那是盲人用竹竿敲打地面发出的声响。

威尔逊先生愣了一下，缓缓地转过身。

那盲人感觉到前面有人,上前说道:"尊敬的先生,您一定发现我是个可怜的盲人,能不能占用您一点点时间呢?"

威尔逊先生说:"我要去会见一个重要的客户,你要什么就快快说吧。"

盲人在一个包里摸索了半天,掏出一个打火机,递给威尔逊先生,说:"先生,这个打火机只卖1美元,这可是最好的打火机啊!"

威尔逊先生听了,叹了口气,掏出一张钞票递给盲人:"我不抽烟,但我愿意帮助你。这个打火机,也许我可以送给开电梯的小伙子。"

盲人用手摸了一下那张钞票,竟然是100美元!他用颤抖的手反复抚摸着,嘴里连连感激着:"您是我遇见过的最慷慨的人!仁慈的富人啊,我为您祈祷!上帝保佑您!"

威尔逊先生笑了笑,正准备走,盲人拉住他,又喋喋不休地说:"您不知道,我并不是一生下来就瞎的,是因为23年前布尔顿的那次事故!太可怕了!"

威尔逊先生一震,问:"你是那次化工厂爆炸中失明的吗?"

盲人仿佛遇见了知音,兴奋得连连点头:"是啊是啊,您也知道?这也难怪,那次光炸死的人就有93个,伤的人有好几百!"

盲人想用自己的遭遇打动对方,争取多得到一些钱,他可怜巴巴地说:"我真可怜啊!到处流浪,孤苦伶仃,吃了上顿没下顿,死了都没人知道!"他越说越激动,"您不知道当时的情况，火一下子冒了出来！仿佛是从地狱中冒出来的！逃命的人都挤到一起，我好不容易冲到门口，可一个大个子在我身后大喊：'让我先出去！我还年轻，我不想死！'他把我推倒了，踩着我的身体跑了出去！我失去了知觉，等我醒来，就成了瞎子，命运真不公平呀！"

威尔逊先生冷冷地道："事实恐怕不是这样吧?"

盲人一惊，呆呆地对着威尔逊先生。

威尔逊先生一字一顿地说："我当时也在布尔顿化工厂当工人。是你从我的身上踏过去的！你长得比我高大，你说的那句话，我永远都忘不了！"

盲人站了好长时间，突然一把抓住威尔逊先生，爆发出一阵大笑："这就是命运啊！不公平的命运！你在里面，现在出人头地了，我跑了出来，却成了一个没有用的瞎子！"

威尔逊先生用力推开盲人的手，举起了手中一根精致的棕榈手杖，平静地说："你知道吗? 我也是一个瞎子。"

人生的命运无常，每个人都有可能遭到意外的天灾人祸，尽管不可能战胜灾难，但可以勇敢地去面对它。即使为此身患残疾，同样可以微笑地面对生活，命运依然掌握在自己的手中。

很多时候，也许正是因为我们缺乏面对灾难的勇气，才使灾难阻挡在面前让我们无法前进。那些能够巧妙地绕开灾难的人，只能算是被动的适应者，只有能克服困难前进的才算是真正的勇者。我们正需要拿出自己的勇气和魄力，不畏艰难、敢于向前，绝不畏首畏尾，努力去做好自己，去完成使命。

    电影巨星史泰龙，他的父亲是一个赌徒，母亲是一个酒鬼。父亲赌输了，又打母亲又打他；母亲喝醉了也拿他出气。他在拳脚交加的家庭暴力中长大，常常是鼻青脸肿，皮开肉绽。因此，他面相很不美，学习也不好。高中辍学后，便在街头当混混儿。直到20岁的时候，一件偶然的事刺激了他，使他醒悟："不能，不能这样做。如果这样下去，岂不是和自己的父母一样吗？成为社会垃圾，人类的渣滓，带给别人、留给自己的都是痛苦——不行，我一定要成功！"

    他下定决心，要走一条与父母迥然不同的路，活出个人样来。但是做什么呢？他长时间思索着。从政，可能性几乎为零；进大企业去发展，学历和文凭是目前不可逾越的高山；经商，又没有本钱……他想到了当演员——当演员不需要文凭，更不需要本钱，一旦成功，却可以名利双收。但是他显然不具备演员的条件，长相就很难使人有信心，又没接受过任何专业训练。然而，他认为当演员是他今生今世唯一出头的机会，决不能放弃，一定要成功！

    于是，他来到好莱坞。找明星、找导演、找制片……找一切可能使他成为演员的人，处处哀求："给我一次机会吧，我要当演员，我一定能成功！"

    很显然，他一次又一次被拒绝了。但他并不气馁，他知道，失败定有原因。每被拒绝一次，他就认真反省、检讨、学习一次。一定要成功，痴心不改，又去找人……不幸得很，两年一晃过去了，钱花光了，他只能在好莱坞打工，做些粗重的零活。

他暗自垂泪，甚至痛哭失声。难道真的没有希望了吗？难道赌徒、酒鬼的儿子就只能做赌徒、酒鬼吗？不行，我一定要成功！他想，既然不能直接成功，能否换一个方式。他想出了一个"迂回前进"的办法：先写剧本，待剧本被导演看中后，再要求当演员。幸好现在的他已经不是刚来时的门外汉了。两年多的耳濡目染，每一次拒绝都是一次口传心授、一次学习、一次进步。因此，他已经具备了写电影剧本的基础知识。

一年后，剧本写出来了。他又拿去遍访各位导演，"这个剧本怎么样，让我当男主角吧！"普遍的反映都是剧本还可以，但让他当男主角，简直是天大的玩笑。他再一次被拒绝了。

他不断对自己说："我一定要成功！也许下一次就行，再下一次、再再下一次……"在他一共遭到1300次被拒绝后的一天，一个曾拒绝过他20多次的导演对他说：

"我不知道你能否演好，但我被你的精神所感动。我可以给你一次机会，但我要把你的剧本改成电视连续剧，同时，先只拍一集，就让你当男主角，看看效果再说。如果效果不好，你便从此断绝这个念头吧！"

为了这一刻，他已经作了3年多的准备，终于可以一试身手了。机会来之不易,他不敢有丝毫懈怠,全身心地投入。第一集电视剧创下了当时全美最高收视纪录——他成功了!

一个人的成功并不在于取得多大成就,而在于是否具有屡败屡战、敢于坚持的勇气。成功者不比普通人更有运气,只是比普通人更能延续最后的勇气。意大利著名记者法拉齐说:"人只要有勇气,就没有办不成功的事。"她就是凭着一股勇气,采访了诸多国家的首脑,为人们做出了榜样。

英国19世纪女作家乔治·爱略特曾说:"犹豫代表了胆怯,意味着害怕失败,而丧失勇气去尝试的同时亦失去了唯一一点你可能成功的理由。"如果到了生命的最后时刻才理解不能犹豫,已经晚矣。人的一生是短暂的,在这一短暂的生命中,带着勇气去敲响成功的大门,你就有成功的希望。要做个成功者,对你来说重要的是学会在面对困难时如何坚持前进。为了尽可能地赢得机会,你必须在遇到紧急情况和出现问题时勇敢面对,坚持下来。

那些成功的人,即使失败了100次,也会第101次发起冲击,只要有一口气,他就会努力去拉住成功的手,除非上天剥夺了他的生命。奋斗者,破产只是一时;而不去奋斗,则必将一生贫穷。只要你没有失去勇气,敢于拼搏,就一定会取得成功。

第八章

哪怕输掉了所有，
也不要输掉微笑

> 漫漫人生路，不是因为不够认真，只是自己太过于天真，你可能会在一条路上跌倒两次，你可能会为一个人心碎两次……但是，你可以输掉所有，却不能输掉微笑！

1.有颗坚强的心,人生从此不会累

生活中,我们常常会被环境所影响,会被自己的坏情绪所支配。我们觉得生活得很辛苦,精神也愈发感觉空虚。因为,我们在不断追求物质利益的同时,忘记了精神上的供给;我们在不断追求"得"的同时,也在失去着一些东西。

有的人对此百思不得其解,其实道理很简单。对一个人所做的计划和行动,最有决定权的是自己的内心,因此,一个人的内心是否强大,对其所做的事业能否成功起着关键性的作用。

山林里,住着一位隐居的老人。

有一天,大雪封山,当老人打开门后,忽然发现一只冻僵的兔子,于是就把它抱回家,兔子被救后渐渐地苏醒过来,慢慢恢复了健康,从此它和老人幸福地生活在一起,白天在外面晒晒太阳,晚上回到屋子里与老人聊聊天,生活还算愉快。

但是,老人的家里还养着一条蛇,虽然蛇已经被老人驯服得很温顺了,可每次兔子见到蛇时都会心惊胆战。

于是,有一天,兔子对老人说:"能和您一起生活我非常快乐,但是有一件事情,我一直很难过。"老人微笑着说:"那是什么事情呢?"兔子回答说:"每次看到蛇,我都会非常害怕，我现在请您将我也变成蛇吧，那样，我就不会害怕了。"老人答应了它的要求，把它变成了一条蛇。

兔子终于如愿地变成了蛇，它以为这样自己就可以无所畏惧了，可是刚一出门，就遇到了一只盘旋而下的老鹰，老鹰瞪着一双犀利的眼睛，看上去很凶猛，它吓得连滚带爬地跑回家。哭着对老人说："我不想做蛇了，您把我变成老鹰吧。"老人答应了它的要求。

这下，变成了老鹰的兔子觉得自己终于可以内心强大地走出家门了。正当它高兴之际，突然，一只老虎呼啸而过，它吓得拼命地跑回家里。兔子难过地对老人说："我还是做老虎吧。"可是，做了老虎的兔子一见到在厨房里的蛇，还是惊恐万分。

兔子百思不解，于是问老人："为什么我变成了凶猛的老虎以后，还是会怕蛇呢？"

老人哈哈大笑了起来，对它说："其实，问题的关键不在于你是什么样子，重要的在于你的心，你依然是兔子的心，怎么会不害怕蛇呢？"

也就是说，拥有什么样的内心，就拥有什么样的力量，而这种力量又是行为的动力。因此说，如果一个人的内心不够强大，他的人生也就无法变得强大。

内心强大的人有自己的主见，不会轻易被外界的舆论影响。内心强大的人，不论身边发生着什么样的事情，经历了多么大的变化,都不会心猿意马,而是时刻保持心无旁骛,依然固守着自己内心想要的坚持,这是一种难得的心理状态。

包希尔·戴尔是一位眼睛几乎瞎了的不幸女人,但是她的生活却并不像我们所想象的那样糟糕。因为她始终坚信,不论是谁,只要她来到了这个世界上,就是合理的。用她的话说,她相信有所谓的命运,但是她更相信快乐。因为她自己就是一个在厨房的洗碗槽里也能寻求到快乐的人。

她在自己所写的名为《我要看》的一本书中这样写道:"我只有一只眼睛,而且还被严重的外伤给遮住,仅仅在眼睛的左方留有一个小孔,所以每当我要看书的时候,我必须把书拿起来靠在脸上,并且用力扭转我的眼珠从左方的洞孔向外看。"但是,她拒绝别人的同情,也不希望别人认为她与一般人有什么不一样。

当她还是一个小孩子的时候,她想要和其他的小孩子一起玩踢石子的游戏,但是她的眼睛却看不到地上所画的标记,因此无法加入他们,于是,她就等到其他的小孩子都回家去了之后,她就趴在他们玩耍的场地上,沿着地上所画的标记,用她的眼睛贴着它们看,并且,把场地上所有相关的事物都默记在心里。不久之后,她就变成踢石子游戏的高手了。她一般都是在家里读书的,首先,她先将书本拿去放大影印之后,再用手将它们拿到眼睛前面,并且几乎是贴到她的眼睛上,以致她的睫毛都碰到了书本,就是在这种的情况下,她还获得了两个学位，一个是明尼苏达大学的美术学士，另一个是哥伦比亚大学的美术硕士。

到了1943年，那时她已52岁了，也就在那个时候发生了奇迹。她在一家诊所动了一次眼部手术，没想到却使她的眼睛能够看到比原先所能看到远40倍的距离。尤其是当她在厨房做事的时候，她发现即使在洗碗槽内清洗碗碟，也会有令人心情激荡的情景出现。她又继续写道："当我在洗碗的时候，我一面洗一面玩弄着白色绒毛似的肥皂水，我用手在里面搅动，然后用手捧起了一堆细小的肥皂泡泡，把它们拿得高高地对着光看，在那些小小的泡泡里面，我看到了鲜艳夺目好似彩虹般的光彩。"

从洗碗槽上方的窗户向外看的时候，她还看到了一群灰黑色的麻雀，正在下着大雪的空中飞翔。她发现自己在观赏肥皂泡泡与麻雀时的心情是那么的愉快与忘我。因此，她在书中的结语中写道："我轻声地对自己说，亲爱的上帝，我们的天父，感谢你，非常非常的感谢你！"让我们来感谢上帝的恩赐，因为它使你能够洗碗碟，因而使你得以看到泡泡中的小彩虹，以及在风雪中飞翔的麻雀。

人生之路充满荆棘与坎坷，如果没有一颗强大的内心，而是每天焦虑不安，又怎么能够成功呢？所以说，每个人在成长的过程中，都要慢慢建立起一颗强大的内心，这样才能够在每次遇到困难时，不害怕，正视它，征服它！

那么,如何建立强大的内心,征服焦虑和困难呢?

第一步,先放弃害怕,客观地分析整个情况,然后预先判断万一失败将会出现的最坏情况。这样可以提升心理承受能力和抗压能力;第二步,想象如果出了可能发生的最坏的情况之后,勇敢地面对它们,鼓足勇气和信心;第三步,从这以后,内心就要平静下来了,把时间和精力用于改善所面对的问题和困难上来。

忧虑最大的害处,就是会毁掉人们集中精神的能力。当我们忧虑时思想会变得杂乱纷繁,从而丧失分析能力;而强大的内心最大的好处,就是可以振奋一个人的精神,当内心逐渐强大之后,便会按部就班地处理一切问题。所以,当我们强迫自己面对最坏的情况时,首先要先从精神上接受它,才能够权衡所有可能的情形,以便集中精力解决问题。

2.你怎样,你的世界便怎样

自卑者的致命弱点就在于妄自菲薄,他不明白人很少有通才,而是各有所长,并且他只相信别人不相信自己,而内心强大的人在任何时候都会肯定自己。

你可能会在一条路上跌倒两次,你可能会为一个人心碎两次，漫漫人生路，不是因为不够认真，只是自己太过于天真。人的一生很长，我们需要理想、需要信仰，带着这些去为自己博得一个精彩的未来。

拥有自信的人之所以会心想事成、走向成功，是因为他们都有着巨大的潜能等着去开发；而消极失败的心态之所以会使人怯弱无能、走向失败，是因为它使人放弃潜能的开放，让潜能沉睡、白白浪费。

1960年，哈佛大学教授罗森塔尔博士在美国加州一所学校进行了一项试验。他声称，他制造出一种仪器，能够找出最优秀的人，并能发现那些将来会出人头地的人。他先从教师中选出几个人，然后又从全校的班级中选出几个班的学生作为实验对象。他对选出的老师说："我从全校的老师中选出你们几位，因为你们是最优秀的老师。这几个班级的学生也是最聪明最有可能有所成就的学生，他们将由你们来教。我相信，最优秀的老师和最聪明的学生的组合，将会产生非凡的教学结果，我的仪器不会出错。"

一年过去了，当罗森塔尔博士再次来到这所学校时，他发现那些老师个个表现优异，而他们所教的班级也成为整个学校的明星班级。罗森塔尔再次召集这些老师开会，他对老师们透露说："实际上，我并没有那样一种预测未来的仪器。那些学生都是最普通的学生，我只是随机抽取了几个班级。"

老师们对此一阵诧异。罗森塔尔博士接着说："实际上，各位老师也是我随手抽调出来的。你们是些普通的老师，教的是普通的学生，但是你们取得了这样的好成绩。各位老师一定知道原因在哪里。"

一位老师说："是的，博士。我知道，当我们被告知是最优秀的时候，我们就努力做最优秀的。我们的学生是聪明的、与众不同的。他们犯错误时，我们也一样有耐心帮助他们，因为他们是聪明人，他们只是无意中出了错。我们从来不打击批评学生，我们鼓励他们做到最好。我们都认为自己是不普通的，于是我们就不再普通。"

罗森塔尔听完，会心地笑了。

人人都可以成为非凡的一员。如果你在心里坚信"我能行"，你就会按照人才标准来要求自己。如果你相信自己能够成功，你就一定能成功。只有先在心里肯定自己，你才能在行动上充分地展现自己。

一个人相信自己是什么，就会是什么。一个人心里怎样想，就会成为怎样的人。这从心理学上讲是有一定的道理的。每一个人都有一幅心理蓝图，或是一幅自画像，有人称它为运作结果。如果你想象的是做最好的你，那么你就会在内心的荧光屏上看到一个踌躇满志、不断进取、勇于开拓创新的自我。同时还会经常收到"我做得很好""我以后还会做的更好"的信息，这样你注定会成为一个最好的你。

哲学家爱默生说："人的一生正如他一天中所想的那样，

你怎么想，怎么期待，就有怎样的人生。"

在很久以前，一个遥远的小镇上诞生了一个可爱的小女孩，她本应和其他孩子一样健康快乐地成长，然而不幸很快降临在了她的身上。在她一岁半的时候患上了猩红热，导致她失去了听力和视力，随后又丧失了说话的能力。

这个小女孩从小就生活在黑暗又寂寞的世界里，非常痛苦、孤独。当她长大一些的时候，发觉自己和其他孩子不一样，便感到很自卑，认为自己什么也做不了，

一辈子都没有希望了。因为自卑，小女孩的脾气变得越来越坏，动不动就发火，是个十足的"小暴君"。

小女孩的父母很伤心，无奈之下，只得把她送到一所盲人学校念书。令人没想到的是，在这所学校中，小女孩遇到了她的天使——沙莉文老师。

当沙莉文第一次看到小女孩时，就被她的遭遇打动了，其实沙莉文也是一个曾经有着不幸遭遇的人。在她10岁时，便与刚出生的弟弟进了麻省孤儿院。孤儿院的环境很恶劣，连让他们住的房间都没有，姐弟俩只好住进放尸体的太平间。

然而不幸的事情还没有结束，沙莉文的弟弟刚刚长到6个月就夭折了。她还没有走出痛苦的阴影，却又患上了眼疾，差一点就失明了。

所幸的是，沙莉文是个坚强的姑娘，这些不幸的遭遇并没有让她感到自卑，而是赐予了她信心和爱心，坚强地生活下

去，并成为一名老师。

由于身世相同，沙莉文对这名又盲又聋又哑的小女孩格外关注，她理解小女孩的自卑，便总是鼓励她，为她搭建起一座自信的桥梁。

经过长时间的努力，小女孩终于走出了自卑的心理阴影，充满信心地学习和生活。她在沙莉文的帮助下学会了说话和读书，开始和其他人沟通，并以优异的成绩从大学毕了业，还掌握了英、法、德、拉丁、希腊5种文字。

随着岁月的流逝，沙莉文老师一天天老去，最后安详地与世长辞。当朝夕相处了50年的老师离开人间后，小女孩，不，这时的她已经长大成人。她非常伤心，但并没有像儿时那样消沉，而是决心要把老师给她的爱发扬光大，让更多的人对生活有信心。

于是她周游世界.为残障的人到处奔走.全心全力为那些不幸的人服务，还把自己的经历写成了书，鼓励别人像她一样勇敢地、充满自信地生活。因为她所做出的贡献，还被授予美国公民最高荣誉——总统自由勋章，又被推选为世界10大杰出妇女之一。

如果提起她的名字和她所写的书，你一定不会陌生，她就是海伦·凯勒。

现实生活中，很多人常常自我否定，哪怕取得不错的成绩，也常常闷闷不乐，觉得自己一无是处。其实，我们要懂得肯定以往自己的努力，这样才有利于正确面对成功与失败。当我们通过努力获得成绩时，要学会及时为自己的努力做出肯定，这样有利于进步。假如不幸失败了，更要肯定自己付出的努力，为自己打气。

相信自己能够成为成功者，往往就能成为成功者，这是人的意识和潜意识在起作用。人的心灵有两个主要部分，就是意识和潜意识。当意识起决定作用时，潜意识则做好所有的准备。换句话说，意识决定"做什么"，而潜意识便将"如何做"制定出来。

具体来说，"意识"好像冰山浮出水平线的一角，而潜意识就是埋藏在水平线下面的部分。有人用科学术语比喻：人体的神经子系统特别是大脑，就相当于电脑的"硬件"，意识就是这部无比精密的电脑的"操作者"，潜意识就等于电脑的"软件"。

显然，一个人如果下定决心做成某件事，那么他就会凭借意识的驱动和潜意识的力量，跨过前进道路上的重重障碍，成功也就有了保障。

3.一切烦恼，其实都是自寻

我们活在世上只有短短的几十年，可是却浪费了许多无法补回的时间，去为那些很快就会被忘了的小事而烦恼。

通常，面对重大危机的时候，我们能打起精神，勇敢地迎接挑战。而对那些常见的小事，却不肯放下，往往被搞得垂头丧气。

有这样的一幅漫画：一个登山者正倾力倒出他鞋子中的砂子。旁白是："使你疲倦的往往不是远方的高山，而是鞋子里的一粒砂子。"这正揭示了一种真实：将人击垮的往往不是面临的巨大挑战，而是琐碎事情造成的倦怠。

一些从事危险而艰苦工作的人，工作时毫无怨言，但却不能与周围的同事、室友维持良好的关系。芝加哥的约瑟夫·萨伯斯法官在仲裁过4千多件不愉快的婚姻案件之后说道："婚姻生活之所以不美满，最基本的原因通常都是一些小事情。"而纽约州的地方检察官弗兰克·霍根也说："我们处理的刑事案件里，有一半以上都起因于一些很小的事情：在酒吧里逞英雄，为一些小事情争争吵吵，讲话侮辱别人，措辞不当，行为粗鲁。就是这些小事情，结果引起伤害和谋杀。"

尤利乌斯是一个画家，而且是一个很不错的画家。他画快

乐的世界，因为他自己就是一个快乐的人。不过没人买他的画，因此他想起来会有点伤感，但只是偶尔一会儿。

他的朋友们劝他："玩玩足球彩票吧！只花两马克便可赢很多钱！"

于是尤利乌斯花两马克买了一张彩票，并真的中了彩，他赚了50万马克！

他的朋友都对他说："你瞧！你多走运啊！现在你还经常画画吗？"

"我现在就只画支票上的数字！"尤利乌斯笑道。

尤利乌斯买了一幢别墅并对它进行了一番装饰。他很有品味，买了许多好东西：阿富汗地毯、维也纳柜橱、佛罗伦萨小桌、迈森瓷器，还有古老的威尼斯吊灯。

尤利乌斯很满足地坐下来，他点燃一支香烟静静地享受他的幸福。突然他感到好孤单，便想去看看朋友。他把烟往地上一扔，就像他在原来那个石头做的画室里经常这样做的那样，然后就出去了。

燃烧着的香烟躺在地上，躺在华丽的阿富汗地毯上……一个小时以后，别墅变成一片火海，被完全烧没了。

朋友们很快就知道了这个消息，他们都来安慰尤利乌斯。

"尤利乌斯，真是不幸呀！"他们说。

"怎么不幸了？"他问。

"损失呀！尤利乌斯，你现在什么都没有了。"

"什么呀？不过是损失了两个马克。"

朋友们为失去的别墅而惋惜，可是尤利乌斯却不在意，正如他所说不过是损失了两美元，怎么能够影响他正常的生活，让他陷入悲伤之中呢？

因为一些小事，我们往往烦扰不已，结果搞得自己很沮丧。其实，我们都把那些事情过分夸大了。正如狄士雷里说的："生命太短暂了，不要再顾虑小事了。"安德烈·墨里斯也在杂志上说："我要说的这些话曾帮助我度过很多痛苦的时间。我们常会因为一些小事而心烦意乱，而实际上它们根本不值一提。我们在这个世界存在的时间不过短短数十年，时间被浪费了，就再也找不回来了。有些事情过不了多久，我们就会完全置之脑后，那为什么还要为此而烦恼呢？我们的时间应该用在更有意义的行为和情感上，让我们的思想变得伟大，去体会那些真实的情感。人生苦短，不该只顾及那些无关紧要的小事。"

著名作家荷马·克罗伊也曾经讲过，过去他写作时，常被纽约公寓热水器的声音吵得发疯。后来有一次，他与几个朋友去野餐，听到木柴烧得很旺时的声音，他突然想到这些声音与热水器的响声很像。那么为什么自己会喜欢一个却厌恶另外一个声音呢？之后他就告诉自己：木柴烧裂时的声音很好听，热水器发出的声音也差不多。他完全可以不理会那些噪音而蒙头大睡。再后来，他就完全忽略了当初令他烦躁的那个声音。

大多数时间里，要想克服一些小事情所引起的困扰，只要把自己的看法和重点转移一下就可以了——让你有一个新的、能使你开心一点的看法。狄士雷里说过："生命太短促了，不能再只顾小事。"

我们常常让自己因为一些小事情、一些应该不屑一顾和很快该忘的小事情弄得非常心烦。我们活在这个世上只有短短的几十年，而我们浪费了很多不可能再补回来的时间，去为一些一年之内就会被所有人忘记的小事发愁。不要这样，让我们把自己的精力只用于值得做的行动上，去经历真正的感情，去做必须做的事情。因为生命太短促了，不该再为那些小事而费神。

第二次世界大战期间，美军的军营里曾发生过这样一件事：

一个美国的年轻人被征召入伍，成为新兵训练中心的一名小兵，但就在新兵训练快要结束的前几天，他因为害怕丧命于战场而终日惶恐不安。班长察觉到了他的异常，就找他聊天。

班长向他说道："训练结束后，被分到国内部队与国外部队的机会都是均等的。如果你被分到国内部队，那就没什么好害怕的了。"小兵点头说道："这倒也是啊。"班长接着说："但如果你被分到了国外部队，是进入后勤单位还是野战单位机会又各占一半，如果被分到了后勤单位，你也无须害怕。"

小兵闻言连连点头。

班长又说道："即使被分到了野战单位，又分后线与前线。如果是后线，你的担心仍然是多余的。"小兵又点了点头。

"假使真的被分到了前线,也有平安、轻伤、重伤三种可能。平安的话,你当然不必担心;受了轻伤,你也不必害怕;万一不幸受了重伤,你也会被当即送回国治疗,你还有什么可担心的呢?"

小兵深思了一会儿,仍忧心忡忡地说道:"那……万一我重伤不治或者战死沙场怎么办?"

班长笑了笑:"死了更轻松,因为你永远都不用再担心、害怕了。"

小兵听后高兴地说,"对啊,人都死了,还怕什么呢?"原来是自己把事情想得过于严重了。

人心非常微妙,既可以容纳大事,也可以无限放大小事。更奇怪的是,人们还总会因为一些鸡毛蒜皮的小事而发狂,觉得这个事情如果不能得到解决就无法继续生活下去,总是把很多事想得过于严重。其实在潜意识里,人们认为一丁点的小事都会影响到我们的学习、生活、工作、事业、健康,甚至还会危及我们的生命安全,但我们却偏偏把事情的原貌给忘记了。其实仔细回想一下,这些事情真的有想象中那么严重吗?

当你再次遇到麻烦时,试着做一下"不会怎样"的练习吧。

试着改变自己的思维模式:把"如果……那就糟了"改成"如果……又不会怎样"。比如,把"如果我向他表白,但他拒绝我的话那就糟了"变成"如果我向他表白,即使他拒绝我又不会怎样,最多就是知道自己自作多情罢了"。把"如果下个月房租涨价的话那就糟了"改成"如果房租涨价又不会怎样，在合理的范围内接受就好，太贵的话，就另寻他处"。通过这种方式，我们便可以使身心真正放松下来，让原本简单的事不会被想得过于严重。避免把我们的时间浪费在不重要的事情上，而是集中精力对待"真正重要"的事物。

4.世界如此美好，你还忧虑什么

人的一生都不免遇到各种令人烦心的事，然而，不同的人在遇到相同的问题时，有着不同的态度和解决办法。面对困难，乐观的人往往一笑置之，并迅速去寻找解决办法；悲观的人，只会像热锅上的蚂蚁一样慌乱，找不到方法。

聪明的人都知道，遇事沉着冷静更容易迅速解决问题，走向成功。也就是说，假如我们能给生活中的各种忧虑划出一个"到此为止"的界限的话，我们会发现成功原来如此简单，生活原来如此快乐！

研究表明，忧虑最大的坏处就是摧毁人们集中精神的能力，一旦忧虑产生，人们的思绪就会乱作一团，从而丧失做出决定的能力。

事实上，要想克服一些琐事引起的烦恼，只要把看法和重心转移一下就可以了。在生活中,更要学会对自己说:"这件事情没有必要去操更多的心。"

小镇上一家酒吧里,灯火通明,喧声四起,一群衣着光鲜的绅士正围坐在吧台边上,一边喝着威士忌,一边谈论着生意上的事情。

"够了,够了,这样的日子简直像受刑,我受够了!"一个以制作各式成衣为生的商人抱怨道。不景气的经济、日渐低迷的生意,令他终日愁眉不展、郁郁寡欢,他的双眼布满血丝,经常失眠。"怎么了,朋友?"众人问。

"真叫人痛苦不堪……"成衣商说道。

一位朋友看在眼里,不忍他这样被烦恼折磨,就安慰他:"别急,你的问题没有什么大不了的,我给你想一个好办法,如果以后你还睡不着,不如静下心来,数一数绵羊,这样等你数累了,自然就可以休息了。"

"嗯,是个不错的办法,朋友,亏你想得出来,我回去就试一试。"成衣商道谢而去。

"老兄,你的办法一点也不灵验啊,你看看我现在,精神更加不好了,病情也似乎更加严重了!"三天后,成衣商再次在酒吧里遇到给自己提出建议的朋友。

"不会吧!"朋友看着他更加红肿的双眼,十分疑惑,问道:"你是按照我的话去做的吗?"

"那还用问吗?老兄,不仅如此,我还数到一万多头呢!"

"我的上帝，老兄，你没跟我开玩笑吧！居然数了那么多。你不可能，也不应该一点睡意都没有啊！"朋友吃惊地问。

"是的，刚开始的时候，我是有些困意了，可是我一想到一万多头绵羊那将会有多少羊毛啊，如果不剪，那岂不可惜了？"

"那剪完不就可以睡了？"

"你哪里知道，这一万头羊的羊毛所制成的毛衣，要去哪儿找买主啊，一想到销路，我就更睡不着了。"

要知道很多事情都是无解的，因此不能把自己的思维逼进一个死角，如果明知道是个死角，可还是一鼓作气、不依不饶地要往里面撞，就像一只扑火的飞蛾，拼了命要在灯光那儿折腾，这是自我折磨，不发疯才怪。

生活在这个纷繁复杂的世界里，有时也需要及时开导自己，消除不必要的烦恼，让自己在绝望中看到希望，在黑暗中看到曙光。

在一个村庄里，住着一个名叫鲍弟拉姆的财主。他家土地很多，父辈也留下了很多财产。可是人们都叫他吝啬鬼，因为他遇到要紧的事，哪怕叫他花一个小钱，他也十分不高兴。他日思夜想的是：怎样才能发大财，好让他曾孙的曾孙也能舒舒服服地享受。

一天，村上来了一位修道的圣人。没过几天，附近的村子都传开了：这位圣人能够满足每个人的愿望。

财主一听说这消息,心里乐开了花。他认为他一生中最大的愿望很快就要实现了。他立即来到圣人面前,把自己的愿望告诉圣人。圣人慈祥地让他在自己身旁坐下,问了他家中的情况。圣人听他讲完,心中就明白了。他觉得应该对这个财主进行教育,这样才会使他明白做人的真正意义。

圣人微笑着说:"鲍弟拉姆先生,你的愿望一定能够实现,不过有一个条件。"

财主先是吓了一跳,马上想到:这位圣人莫非是想叫我施舍财物?他于是壮了壮胆说:"什么条件?请说吧,先生,我一定照办。"

圣人见财主这么说,就对他讲:"你家旁边住着一户穷人家,家中只有母女两人,明天你给她们送一点粮食。"

不就几颗粮食嘛,这对财主鲍弟拉姆来说,不算一件什么难事。他欢天喜地地回家去了。

第二天一早,他沐浴更衣,然后拿着粮食来到那户穷人的家里。穷母女俩正在一边唱着小曲一边干活,谁也没有注意他进来。鲍弟拉姆说:"请收下这点粮食吧,这样你们今天就有吃的了。"

母亲说:"兄弟,今天我们有粮食吃,我们不要,请你拿回去吧。""哎,过了今天还有明天,留着明天吃吧。"

"明天的事我们不担心。兄弟,天无绝人之路,老天爷不会让我们饿死的!"说完又埋头忙自己的了。

听了这位母亲的话,鲍弟拉姆先是十分惊愕,接着他似乎

从中明白了什么。他想：这户穷苦人家是多么快乐，她们不为明天担忧。可是我呢，整天为自己曾孙的曾孙忧虑。

鲍弟拉姆没有回家，他从穷人家直接来到圣人住的地方。他向圣人行了礼，说："感谢您，大圣人！是您给了我快乐的钥匙。说真的，在这个世界上，总为明天担忧的人，是永远不会找到快乐的。"

没有人喜欢担心和忧虑，也没有人喜欢不安全感，因为这与人类本能的自我保护是相悖的。然而忧虑就像天上滴下来的雨水，是你无法抗拒、无法阻止的，你唯一能做的，也许就是找一把伞把自己保护起来，不要让忧虑近身。

今天正是你昨天忧虑的明天。在忧虑时不妨问问你自己：我怎么知道我所忧虑的事真的会发生？

5.带上信念前行，雨水就不会打湿梦想飞翔的翅膀

人生的变数很多，没有人能够承诺给我们一个永远的晴天；没有人能够预知草莽中是否潜藏着毒蛇猛兽。然而，我们虽然不能够把握外界，行动却可以产生力量。这种力量的源泉就来自于坚强的信念，而真正的信念是永远不可战胜的。

种子播种到地里，我们看到的或许只是这个现象的本身，然而在农夫的眼里，看到的更是一片充满生机的绿和金黄色的收获。显然，他眼中凝聚着对收获的一种信念。正是受到这种力量的鼓舞，他日复一日、年复一年的在祖先留下的土地上辛勤地劳作，与土地结下不解之缘，得到的是硕果累累。

有人说，没有种子会在春天死掉。是的，它们会发芽，会长出嫩嫩的青叶，会开花——也许并没有果实，但它们顾不了太多，它们只是一个劲地往上长。看似对蓝天的崇拜和对阳光的渴望织成了它们的唯一信念。

也许它们会被春天的阴雨淹没细根；也许它们会被夏日的骄阳剥去葱绿；也许它们会被秋风无情地扯断细纤；会被冬雪覆盖最后一丝残存的呼吸……但是，它们没有因此放弃生命，不是吗？否则，我们看到的满眼绿色，又是什么？

究竟是什么让种子如此乐观，并且能够看破风雪萌发长成参天大树呢？是信念！因为有了生长的信念，种子才会坚持到隆冬；才会有前进的动力；才会有无畏的胆识，走向成功。

在人生的历程中，接受信念的指引，大步向前，会像种子一样战胜严酷的环境，迎来参天大树那样的伟岸。

美国纽约州历史上第一位黑人州长罗杰·罗尔斯的故事正说明了信念决定人生方向的道理。罗杰·罗尔斯出生在纽约声名狼藉的大沙头贫民窟。这里环境肮脏，充满暴力，是偷渡者和流浪汉的聚集地。在这儿出生的孩子从小就逃学、打架、偷窃、甚至吸毒，长大后很少有人从事体面的职业。然而，罗杰·罗尔斯却是个例外，他不仅考入了大学，而且最终成了纽约州的州长。

在就职的记者招待会上，一位记者对他提问：是什么把你推向州长宝座的？面对三百多名记者，罗尔斯对自己的奋斗史只字未提，只谈到了他上小学时的校长——皮尔·保罗。

皮尔·保罗担任诺必塔小学的董事兼校长的时候正是美国嬉皮士流行的时代，他发现诺必塔小学的穷孩子们比"迷惘的一代"还要无所事事。他们不与老师合作，旷课、斗殴、甚至砸烂教室的黑板。皮尔·保罗想了很多办法来引导他们，可是没有一个是奏效的。后来他发现这些孩子都很迷信，于是在他上课的时候就多了一项内容——给学生看手相。他用这个办法来鼓励学生。

一天当罗尔斯从窗台上跳下，伸着小手走向讲台时，皮尔·保罗握着他的小手说："我一看你修长的小拇指就知道，将来你是纽约州的州长。"当时，罗尔斯大吃一惊，因为长这么大，只有他奶奶让他振奋过一次，说他可以成为五吨重的小船的船长。这一次，皮尔·保罗先生竟说他可以成为纽约州的州长，着实出乎他的预料。他记下了这句话，并且相信了它。

从那天起，"纽约州州长"就像一面旗帜，罗尔斯的衣服不再沾满泥土，说话时也不再夹杂污言秽语。他开始挺直腰杆走路，在以后的40多年间，他没有一天不按州长的身份要求自己。51岁那年,他终于成了州长。

罗尔斯在他的就职演说中说:"信念值多少钱?信念是不值钱的,它有时甚至是一个善意的欺骗,然而你一旦坚持下去,它就会迅速升值。"

罗尔斯的经历给我们这样一个启示:信念就是所有奇迹的萌发点。所有成功的人,最初都是从一个信念开始的。你不需要花费很多的金钱或者代价来获得它,需要的只是一颗细腻而坚定的心,你便会在不知不觉中发觉它慢慢地向你靠近,而你也会在它的引领下慢慢的向成功靠近。

派蒂·威尔森是一个患有癫痫的少女,但她却树立了不倒的信念,创造了不倒的奇迹。她的父亲吉姆·威尔森习惯每天晨跑。有一天戴着牙套的派蒂兴致勃勃地对父亲说:"爸,我想每天跟你一起慢跑。"

父亲回答说:"也好,万一你病情发作,我也知道如何处理。我们明天就开始跑吧。"

于是,十几岁的派蒂就这样与跑步结下了不解之缘。和父亲一起晨跑是她一天之中最快乐的时光。跑步期间,派蒂的病一次也没发作过。

几个礼拜之后,她向父亲表示了自己的心愿:"爸,我想打破女子长跑的世界记录。"她父亲替她查吉尼斯世界纪录,发现女子长跑的最高纪录是128.7千米(80英里)。

　　当时，读高一的派蒂为自己制定了一个长远的目标："今年我要从橘郡跑到旧金山643.6千米（400英里）；高二时，要到达俄勒冈州的波特兰2413.5千米（1500英里）；高三时的目标为圣路易市3218千米（约2000英里）；高四则要向白宫前进4827千米（约3000英里）。"

　　虽然派蒂的身体状况与他人不同，但她仍然满怀热情与理想。对她而言，癫痫只是偶尔给她带来不便的小毛病。她不因此消极畏缩，相反，她更珍惜自己已经拥有的。

　　高一时，派蒂一路跑到了旧金山。她父亲陪她跑完了全程，做护士的母亲则开着旅行拖车尾随其后，照料父女两人。

　　高二时，她在前往波特兰的路上扭伤了脚踝。医生劝告她立刻中止跑步："你的脚踝必须打石膏，否则会造成永久的伤害。"

　　她回答道："医生，你不了解，跑步不是我一时的兴趣，而是我一辈子的至爱。我跑步不单是为了自己，同时也是要向所有人证明，身有残缺的人照样能跑马拉松。有什么方法能让我跑完这段路？"

　　医生表示可用黏合剂先将受损处接合，而不用打石膏；但他警告说，这样会起水泡，到时会疼痛难耐。派蒂二话没说便点头答应。

　　派蒂终于来到波特兰，俄勒冈州州长还陪她跑完最后一程。一面写着红字的横幅早在终点等着她："超级长跑女将，派蒂·威尔森在17岁生日这天创造了辉煌的纪录。"

高中的最后一年,派蒂花了四个月的时间,由西岸长征到东岸,最后抵达华盛顿,并接受总统召见。她告诉总统:"我想让其他人知道,癫痫患者与一般人无异,也能过正常的生活。"

任何人都可以使梦想成为现实,但首先你必须拥有实现这一梦想的信念。信念是一种巨大的动力,它可以使你去做别人认为不可能成功的事。

信念,似普罗米修斯的火把一般点燃成功的导火线,那耀眼的火光刺痛人们的双眼,冥冥中,会感到一种新生的力量在每一根神经上跳跃不息。

6.适时低头,才能赢得人生这盘棋

你是否也有过类似的人生经历?有时遇到困难挫折,一味仰头硬撞,盲目强攻,不但不能取胜,反倒撞得自己伤痕累累,甚至一败涂地;相反的,这时机智地退一步,低低头,调整策略,蓄积力量,等待时机,往往会东山再起,反败为胜。

所以,当遇到无法解决的问题、无法摆脱的困境,千万不要像那些被网住的野鸡,惊慌失措,盲目乱撞。请低一低固执的、高傲的头,也许就能找到新的出路!

身处矮檐下，低头又何妨？看清处境，降低姿态，是勇气和智慧的表现。倘若拘于一时得失，与成功失之交臂，岂不是天大的遗憾？其中的道理不言自明，究竟值不值，孰轻孰重，一目了然。

当然，低头、退让也绝不是一味地退缩躲避，或者无原则地投降屈节。

麦克·史瓦拉是美国的电视节目主持人，他所主持的"六十分钟"是人人乐道的节目。在刚进入电视台的时候他是一名新闻记者，因口齿伶俐，反应快，所以除了白天采访新闻外，晚上又报道七点半的黄金档。以他的努力和观众的良好反应，他的事业应该是可以一帆风顺的。

很不幸的是，因为麦克的为人很直率，一不小心得罪了顶头上司新闻部主管。有一次在新闻部会议上，新闻部主管出其不意地宣布："麦克报道新闻的风格奇异，一般观众不易接受。为了本台的收视率着想，我宣布以后麦克不要在黄金档报道新闻，改在深夜十一点报道新闻。"

新闻主管的决定让麦克非常意外，他知道自己被贬了，心里觉得很难过，但突然他想到："这也许是上天的安排，主要是在帮助我成长。"他的心渐渐平静下来，表示欣然接受新差事，并说："谢谢主管的安排，这样我可以利用六点钟下班后的时间来进修。这是我早就有的希望，只是不敢向你提起罢了。"

此后,麦克天天下班之后就去进修,并在晚上十点左右赶回公司准备十一点的新闻。他把每一篇新闻稿都详细阅读,充分掌握它的来龙去脉。他的工作热诚绝没有因为深夜的新闻收视率较低而减退。

渐渐地,收看夜间新闻的观众愈来愈多,佳评也愈来愈多。随着这些不断增多的佳评,有些观众责问:"为什么麦克只播深夜新闻,而不播晚间黄金档的新闻?"询问的信件、电话不断,这引起了总经理的关注。

总经理把厚厚的信件摊在新闻部主管的面前,批评他说:"你这新闻主管怎么搞的?麦克如此人才,你却只派他播十一点新闻,而不是播七点半的黄金时段?"

新闻部主管解释:"麦克希望晚上六点下班后有进修的机会,所以不能排上晚间黄金档,只好排他在深夜的时间。"

"叫他尽快重回七点半的岗位。我下令他在黄金时段中播报新闻。"

就这样,麦克被新闻部主管又调回黄金时段。不久之后,被选为全国最受欢迎的电视记者之一。

过了一段时间,电视界掀起了益智节目的热潮,麦克获得十几家广告公司的支持,决定也开一个节目,找新闻部主管商量。

积着满肚子怨恨的新闻部主管,板着脸对麦克说:"我不准你做!因为我计划要你做一个新闻评论性的节目。"

虽然麦克知道当时评论性的节目争论多,常常吃力不讨

好，收入又低，但他仍欣然接受说："好极了!"

自然，麦克吃尽苦头，但他没说什么，仍是全力以赴，为新节目奔忙。节目上了轨道也渐渐有了名声，参加者都是一些出名的重要人物。

总经理看好麦克的新节目，也想多与名人和要人接触。有天他召来新闻部主管，对他说："以后节目的脚本由麦克直接拿来给我看! 为了把握时间，由我来审核好了，有问题也好直接跟制作人商量!"

从此，麦克每周都直接与总经理讨论，许多新闻部的改革也有他的意见。他由冷门节目的制作人，渐渐变成了热门人物。由此他也获得许多全美著名节目的制作奖，从而成为家喻户晓的名人。

学会低头，也就是懂得放弃，若要硬是强出头，只有碰壁。当下这一刻选择低头，是为了下一刻抬头。

一次，一位气宇轩昂的年轻人，昂首挺胸，迈着大步去拜访一位德高望重前辈。不料，一进门，他的头就狠狠地撞在了门框上，疼得他一边不住地用手揉搓，一边看着比他的身子矮一大截的门。恰巧，这时那位前辈来迎接他，看到他，笑眯眯地说："很疼吧! 可是，这是你今天来访问我的最大收获啊。"年轻人不解，疑惑地望着他。"一个人要想平安无事地生活在世上，就必须时刻记住，该低头时就低头。这也是我要教你的事情。"老人平静地阐述着他的睿智。

这位年青人, 就是后来被称为美国之父的富兰克林。

据说, 富兰克林把这次访问得到的教导看成是一生最大的收获, 并把它作为人生的生活准则去遵守。他把"记得低头"作为毕生为人处世的座右铭, 受益终生。后来, 他成为功勋卓越的一代伟人——美国著名的政治家、科学家、社会活动家。

人生要历经千门万坎, 洞开的大门并不完全适合我们的躯体, 有时甚至还有人为的障碍, 我们可能要不停地碰壁, 或伏地而行。如果一味地讲"骨气", 到头来, 不但被拒之门外, 而且还会被撞得头破血流。

木秀于林, 风必摧之。这是自然界的规律, 也是人性丛林中的法则。争强好胜的斗争本性使人类视后退为懦弱。然而真正有智慧的人才会懂得, 只有深谙韬光养晦之道, 适时地隐藏锋芒, 才能在施展才华时躲过明枪暗箭, 才能得到退一步后的海阔天空。

也许你的才华的确非常出众, 但如果丝毫不懂得收敛, 在社会上也是很难立足的, 而且还有可能给自己带来负面的影响。一个人在适当的地方和时间展露锋芒是正常的, 但应该认清形势, 不要不分场合和地点, 要懂得适时隐藏, 而且要知道山外有山的道理。

第九章

人生没有如果，
只有结果和后果

　　人生不可假设。在我们的生命里，不存在"如果"这个问题，只有结果和后果，将"如果"改成"现在"，这才是最坚强的，也是最为明智的。机会只有一次，生命没有如果，错过了就是错过了，人生不会给任何人开小灶。

1.你的未来，经不起岁月的蹉跎

有一个古老的寓言故事：

大雁、杜鹃、麻雀、黄鹂四只鸟结伴飞到了南方，准备在那里安家。它们飞到一个气候温和、花香怡人的地方，四只鸟非常高兴，开心地四处游玩。而黄鹂更是开心，因为它最喜欢在花丛中嬉戏，它一直认为自己是世界上最漂亮的鸟儿，所以非常高傲。

转眼秋天到了，大雁对伙伴们说："现在已经是秋天了，很快冬天就要到了，咱们快点筑巢吧！要不然等到冬天，咱们非冻死不可。"

杜鹃和麻雀十分赞同这个建议，而黄鹂却无所谓地说："怕什么，现在的天气这么好，四周都是花和草，如果不尽情地玩玩，岂不是太浪费了吗？"看到黄鹂如此固执，其他几只鸟只好自己去筑巢。

看着自己的伙伴们每天四处寻找树枝，非常辛苦，黄鹂还嘲笑它们说："哎，这么好的阳光，这么美的花你们不欣赏，非要这么早去筑巢，真是太浪费生命了。"

杜鹃关切地对黄鹂说："黄鹂姐姐，现在秋天都快过去了，你快点儿准备筑巢吧。要不然等到冬天就来不及了。"

黄鹂不以为然地说："过几天再说吧，反正我在冬天来临之前筑好不就行了。"

时间一天天过去，大雁、杜鹃还有麻雀的巢都已经筑好了，而黄鹂却还悠闲地四处游玩。看着朋友在巢里安稳地休息，黄鹂心想：是应该筑巢了，干脆从明天起开始找树枝吧。但是第二天，黄鹂在温暖的太阳照耀下一点儿也不想起床，心想：反正也不在乎这一天，明天再说吧。

天气一天比一天冷，黄鹂的巢还没有筑起来。终于迎来了冬天的第一场雪，大雁、杜鹃还有麻雀相约一起出去赏雪，当它们找到黄鹂的时候，却发现它已经被冻死了。

很多时候，我们的人生都被一个"等"字荒废了：等将来，等不忙，等下次，等有时间，等有条件……等来等去，只等来一头白发。谁也无法预知未来，及时行动才是王道，否则，很多事情可能会一等就等成了永远。

在法国南部一个很小的城市里，住着一群人。他们从来没有离开过小城，他们一直都认为这个小城是最美丽最富饶的地方。后来，有一位外地的客商路过小城，客商告诉他们：小城之外还有很多地方比这个城市更美丽、更富饶。

听了客商的话，小城中的人们决定出去走一走，开开眼界。他们根据客商的描述制定了一份内容详尽的计划。后来客商离开了小城，留给了他们一本关于旅行的书。根据这本书介绍的内容,他们感到最初制定的那份计划太不周全了,于是又加入了一些条款。

经过几次修改和完善,他们终于有了一份完整的出行计划,可还是不能立即出发,因为出行计划上罗列的许多东西他们还没有准备好。他们还要买地图,由于从来没有走出过小城,所以他们只能从外面来的一些商贩手中购买地图。终于有商贩来了,人们从商贩手中买了好几份地图,不过商贩告诉他们,如果想到更远的地方旅行最好用地球仪,于是他们又等待卖地球仪的商贩进城。

就这样,他们等到了地球仪。在买了地球仪之后,他们发现还需要火车时刻表,在有了火车时刻表之后他们又发现还需要指南针。在这些东西都准备好了之后,他们又觉得还需要一些行李箱,行李箱准备好了之后又发现没有锁出门不安全,他们又找铁匠打了十分保险的锁……

等人们把一切都准备好之后,他们才发现自己早已年老力衰,根本没有足够的力气实施当年制定的计划了。况且他们当初的那份雄心壮志早已被时间消耗殆尽了,他们始终没走出小城。

所以,该做的事就赶紧去做,不要给生命留下太多的遗憾。

英国利物浦市有一个叫科莱特的青年,1973年,他考入了美国哈佛大学。科莱特是一个极具才华的人,当时与他经常

坐在一起听课的是一位18岁的美国小伙子。

在上到大学二年级的时候，有一天，这位小伙子跟科莱特商议，让他跟自己一起退学去创业，开发应用商务软件。科莱特对此感到非常惊诧，虽然小伙子所说的也一直是他自己的梦想，但是他认为自己是来求学的，而且他们对软件系统也不过是了解了一点皮毛而已，如果不以全部的大学课程为基础，想要自己开发软件简直是天方夜谭。因此，科莱特委婉地拒绝了那位小伙子的邀请。

经过十年刻苦的学习，科莱特成为哈佛大学计算机软件方面的博士研究生。而就在同一年，那位当初劝说科莱特一起退学的美国小伙子进入了《福布斯》杂志亿万富豪排行榜。

又过了几年，当科莱特继续他的博士后的学习时，那位小伙子已经成为了美国的第二富豪，个人资产达到了65亿美元。

在1995年的时候，科莱特认为自己终于具备了足够的可以研发软件的学识了，而那位当初退学的小伙子已经绕过了科莱特所熟知的软件系统，他开发的系统软件已占领了全球市场，因为它要比之前的系统软件快1500倍。

这位美国小伙子因此成为了世界首富，他就是微软公司的创始人比尔·盖茨。

很多时候，我们无法实现自己的理想是因为我们总是在等待"万事俱备"的时机。

当一只脚陷入了"万事俱备再行动"的泥潭时，人会犹豫不决、顾虑重重,总是拿不定主意,时间就这么一分一秒地浪费掉了。其实世界上永远不可能有完美的事情,不可能有绝对完美的时机,如果我们凡事都要等到"万事俱备"后再开始行动,那么就永远不会有开始的可能。等待"万事俱备"会让你不能迅速、准确、及时地解决问题,到最后只会一无所成。

巴菲特说:"如果你想等到知更鸟报春,那么春天就快结束了。"很多成就一番事业的人,都是在条件并不是十分成熟时就直接对准了目标,开始行动。他们在行动的过程中不断地为自己创造机会,创造成功的可能性,逐步使得事情"万事俱备",而不是单纯地等待。因此,想要做成一件事,在拿定主意后就要立即开始行动,"从现在做起",这才是成功的关键。

2.成功的人那么多,为什么唯独没有你

风车只有在转动时才能磨面,发电机只有在转动时才发电。人,只有在行动中才有力量。

千里之行,始于足下。不积跬步,无以至千里;不积小流,无以成江海。人生短暂,我们不该生活在蹉跎里,而应该生活在行动中。唯有行动,方能开启成功之门,驶向幸福的彼岸。

某个教堂因为来了很多老鼠，所以养了一只猫。这只猫特别能干，很会抓老鼠，于是老鼠的数量不断减少。后来，老鼠们只好天天躲在洞里，不敢轻易外出。无奈之下，老鼠大王组织召开了一个老鼠会议，紧急商讨怎样对付猫吃老鼠的问题。

老鼠们个个都很聪明，想到了很多独特的方法。有的老鼠建议研究一种毒药，悄悄放到猫的食物里；有的老鼠想出用黄油烫死猫的方法，还有的老鼠提议，一起出洞咬死猫……大家各抒己见，可是都不是上上策，都不能保证既消灭猫咪，又自保性命。

这时，一只号称最聪明的老鼠站起来，提议到："猫的武功太高强，死打硬拼我们不是它的对手，不如用防。我们在猫的脖子上系个铃铛，这样，以后我们只要听到铃铛的声音，就知道猫来了赶快逃跑，我们就再也不用担心被猫抓到了！"

"好办法，好办法，真是个聪明的主意！"老鼠们欢呼雀跃起来，老鼠大王当即批准了这个方案，并宣布："咱们就按系铃的方案对付猫，现在开始落实。有谁愿意接受这个任务？请主动报名吧。"

等了好久，会场里一片寂静。接着，老老鼠们说："我们老眼昏花、腿脚不灵，最好找个身强体壮的。"而身强体壮的老鼠说："我们平时要给大家找食物，要是我们被抓去了，你们的处境不是更糟，还是找小老鼠吧，他们机灵，跑得快。"而小老鼠们则纷纷说："我们年轻，没有经验，怎能担当如此重任呢。"

结果,老鼠们仍然继续战战兢兢地生活着……

不得不承认这是一群非常聪明的老鼠,它们能够集思广益,想出要给猫系铃铛的好方案。可是,光想没有用,还得把这些付诸现实。可是,没有一只老鼠愿意去落实这个方案。尽管这个方案很完美,但是没人去做,也就没有任何的意义。结果,这群看似聪明的老鼠只能像以前一样,战战兢兢地生活。

在工作中,我们也能经常看到这样的人:只会沉迷于文山会海里,嘴上夸夸其谈,重视制订计划、准备书面材料等案头工作,却什么行动都不采取,致使机会一次次地从手边溜走。

杨澜在成为央视节目主持人以前,是北京外语学院的一名大学生。一开始的时候,杨澜常常因为听力课听不懂而特别沮丧,也因此有些自卑,直到后来她的听力水平有了很大的提高后,才逐渐恢复了自信。

1990年2月,杨澜去应聘中央电视台《正大综艺》节目的主持人,她以镇定大方的台风、自然清新的风格及出众的才气从众多应聘者中逐渐脱颖而出。然而,由于她貌不出众,在第六次试镜时还只是在"被考虑范围之列"。杨澜得知这一结果后,果断地去找导演,她反问导演:"为什么非得要找一个漂亮的女主持人?是不是一出场就是给男主持人做陪衬的?其实女性也可以很有头脑，所以如果能够有机会的话，我就希望做一个聪明的主持人。"最后，她对导演说："我不是很漂亮，但我很有气质。"

导演被杨澜的这些话打动了。杨澜成功当选为《正大综艺》节目的主持人。她在这份工作中不仅开阔了眼界，还确定了自己未来的发展方向——做一名真正的传媒人。

诚然，成功是任何人都渴望的，但是成功绝不是仅仅靠计划就可以完成的。如果你从来都不付诸行动，那么成功自然就会投入别人的怀抱，从而弃你远去。现实中，那些成功者之所以能有一番作为，是因为他们既可以制定出正确、完美的计划，又能对这些计划进行持续而有目的的实际行动，不折不扣地将它们执行下去。

相信，很多人都是如此。因此，请记住行动远比想法更重要。只有多一些行动才能多一些成功，如果我们想在工作中取得良好的表现，如果想在职场中脱颖而出，那么就先要培养自己高效的执行力。如此，任何的想法才不是空中楼阁，目的也才能够实现。

3.唯有努力，才能让你走向卓越

人常说：不想当将军的士兵不是好士兵。所以很多年轻人都梦想着有朝一日能当一个响当当的大将军！然而，这种思维也造成这样一种怪现象：想当将军的士兵，连站岗的工作都做不好，甚至不屑去做。他们只是一味哀叹社会的不公，却从不问问自己做了什么。

殊不知，不努力，谁也给不了你想要的生活。

体操是程菲的梦。小程菲4岁那年便开始了训练，每天早上，星星还在天上闪烁的时候，程菲就起床了，爸爸陪着她跑步两个多小时到体操馆训练，风雨无阻。

懂事的程菲知道自己家里的条件并不好，自己能够获得专业训练的机会是很不容易的，因此她在训练时更加努力。父母看着程菲常因为训练而摔得浑身乌青，十分心疼，但是能给程菲的最高奖励只是花1块钱买3串程菲最爱吃的糯米团子。

为了在家里也能训练，父亲在程菲的要求下，在家中的屋梁吊上杠子，两根是双杠，一根就是单杠。而练习用的"平衡木"则是爸爸用粉笔在地上画的两条线，小程菲却如同在真正的器械上一样，练得非常认真。

为了纠正天生的"八字脚"，程菲把自己的脚用绷带缠上，

走路、跑步的时候踮起脚，袜子常常粘在磨出血的脚上。妈妈心疼得一边掉泪，一边用酒精把女儿的袜子浸湿后一点点脱下来，有时程菲会疼得哇哇大哭，但她坚持训练的决心仍然没有一丝动摇。

天资并不出众的程菲，在被选送到国家队时差点吃了闭门羹。进入国家队后，程菲在众多运动员中毫不起眼，有一次她甚至被教练忘在体操馆里。

但程菲格外能吃苦，很多人都不太愿意练的跳马，程菲却练得很刻苦，她在完成了教练的要求后，还加大了自己的训练量。其他队员都回去之后，程菲仍在空旷的训练大厅里无数次重复着助跑、起跳、空翻、落地等动作。原本十分平凡的程菲用她的勤奋打动了著名教练陆善真，仅1年时间，程菲就在教练的指点下频频夺冠，继而引起了世界体坛的关注。

程菲经常说："给我机会，我就要把握住！"教练陆善真称赞她说："程菲练这些动作不知经历了多少痛苦的折磨和打击，可她从不抱怨。"在墨尔本世锦赛上，程菲的惊世一跳被国际体联命名为"程菲跳"。"程菲跳"是第一个以中国女运动员的名字命名的跳马动作。原本平凡的程菲，用自己的勤奋和努力实现了她并不平凡的梦想。

歌德说得好："只有投入，思想才能燃烧。一旦开始，完成在即。"未来是由现在构成的，现在的状态决定未来的状态，现在的努力决定未来的成败，浪费现在等于丧失未来！等待只能失败,行动才会成功。

我们每个人都希望成功,但是常常成了思想的巨人,行动的矮子。阿里巴巴集团创始人马云就这种现象作了经典的描述:"晚上想想千条路,早上醒来走原路。"

1950年,20出头的郑小瑛来到当时最负盛名的莫斯科音乐学院学习作曲。她六岁学习钢琴,十四岁精通各种乐器并且多次登台演出。在莫斯科音乐学院里,郑小瑛的才华得到了老师和同学的认可,她的曲子时常被学校交响乐队拿去演奏。

有一次,在音乐厅看见指挥正演奏她的曲子,她被那种意气风发深深吸引住了,一个理想由此萌发:"我要成为一位优秀的指挥家!"

从那以后,郑小瑛一有时间就跑到音乐厅去看表演,当然,最主要的是暗中学习指挥技巧,还找机会向教授求教。回到宿舍,她就对着曲子开始练习指挥,同学们都取笑她说:"难道你想成为一名指挥家吗?别白费力气了,因为那是一件不可能的事情!"

同学的话其实不无道理,当时全世界有机会接受音乐教育的女性很少,更何况是女性指挥家?

"难道女性就不可能成为指挥家吗?"郑小瑛在心中发问。没人能给她答案,能给答案的人只有她自己!

此后,郑小瑛在指挥上的学习和锻炼更加勤奋了,从表情到手势,从眼睛到心灵……

有一次，学校里组织一个音乐会，郑小瑛所作的一首曲子被选进了演奏曲目中。而观众席中，有两位响当当的人物：苏联国家歌剧院的指挥海金和莫斯科音乐剧院的指挥依·波·拜因。谁都没有想到的是，正当音乐指挥走上台的时候，他一下扭伤了脚，一个趔趄跌坐到地上，全场一片惊呼。工作人员很快跑过去扶住教授，同时还有人把椅子搬上指挥台，想让他坐在椅子上指挥，但那同样不行，因为他扭到脚的同时也碰伤了肘部。教授摇摇头，全场不知如何是好！

郑小瑛一下子从椅子上站起来，在一片惊愕的目光中，走到那位教授的面前一鞠躬说："我以艺术的名义向教授申请接过您手中的指挥棒！"

面对这样一张年轻而坚毅的脸，教授找不出任何理由拒绝，他把手中的指挥棒递给了郑小瑛。她转过身，对乐手们点头示意，指挥开始了：只见指挥棒在她的手中时而急促有力，时而缓和悠扬，音乐就像是从她指挥棒上流淌出来似的，时而奔腾如雷，时而平静似水，她那热情奔放，气魄雄伟的指挥蕴藏着无比强烈的艺术感染力，简直无懈可击，完美无瑕，就连那位扭伤脚的教授和观众席上的海金、依·波·拜因也频频点头。一曲结束，掌声四下雷起，海金和拜因更是对郑小瑛做出了这样的评价："她，将来必定是一位卓越的指挥家！"

当天，海金正式向郑小瑛提出邀请，让她进入苏联国家歌剧院深造指挥艺术。"艺术应该属于任何人，不应该有性别之分！"海金说。进入国家歌剧院后，郑小瑛刻苦学习，先后成功地指挥了《托斯卡》、《茶花女》等一系列苏联经典歌剧，在苏联引起了极大的轰动。

几年后，郑小瑛艺成回国，为新中国的音乐事业作出了不少贡献，最终成为中国甚至是全球第一位卓越的交响乐女指挥家。2010年，82岁的郑小瑛被首届中国歌剧艺术成就大典授予终身成就奖！

所以，实现成功的最好办法就是立即行动，当你发现自己想往后拖的时候，马上警告自己：拖延是无能的表现，拖延会毁掉我的前程。我是一个追求卓越的人，必须马上行动！

4.通往成功的路有千万条，而唯一的捷径就是行动

生活中，不乏这样的人，他们躺在床上想象着自己多么成功，未来取得了多么伟大的成就。这些人只知道想象，却从来不知道把这种想象付诸行动。要知道，任何一个有成就的人，都有勇于尝试的经历。因为尝试就是探索，如果没有探索那么也就没有创新，而没有创新就不可能会有成就。所以，一个整天处于想象中的人，是不会有绚烂精彩的人生。即便有，那也只是在自己的梦里。

三个旅行者徒步穿越喜马拉雅山，他们一边走一边谈论凡事必须付诸实践的重要性。他们谈得津津有味，以至于没有意识到天太晚了，等到饥饿时，才发现仅有的一点食物就是一块面包。

这几位虔诚的教徒，决定不讨论谁该吃这块面包，他们在祈祷声中入睡，希望老天能发一个信号过来，指示谁能享用这份食物。

第二天早晨，三个人在太阳升起时醒来，又在一起谈开了。

"我做了一个梦，"第一个旅行者说，"梦中我到了一个从未去过的地方，享受了有生以来我一直孜孜以求而从未得到的难得的平静与和谐。在那个乐园里面，一个长着长长胡须的智者对我说：'你是我选择的人，你从不追求快乐，总是否定一切，为了证明我对你的支持，我想让你去品尝这块面包。'"

"真奇怪，"第二个旅行者说，"在我的梦里，我看到了自己神圣的过去和光辉的未来。当我凝视这即将到来的美好时，一个智者出现在我面前，说：'你比你的朋友更需要食物，因为你要领导许多人，需要力量和能量。'"

然后，第三个旅行者说："在我的梦里，我什么都没有看见，哪儿也没有去，也没有看见智者。但是，在夜晚的某个时候，我突然醒来，吃掉了这块面包。"

其他两位听后非常愤怒："为什么你在做出这项自私的决定时不叫醒我们呢？"

"我怎么能做到？你们俩都走得那么远，找到了大师，又发现了如此神圣的东西。昨天我们还在讨论采取行动的重要性呢。只是对我来说，老天的行动太快了，在我饿得要死时及时叫醒了我！"

有人说过这样一句话："勇于尝试，在某件事上栽跟头可能是预料之中的事；但是，从来没有听说过，任何坐着不动的人会被绊倒。"诚然，敢想敢做的人，必然会经历一些挫折，但是那些没有勇气去将自己所想的付诸行动的人，是永远都体会不到打拼过程中的乐趣。要知道，受到一定程度的挫折也是自己的一笔宝贵财富。因此，要想取得成功，那就需要把自己的所想付诸于行动。

生活中，每一个成功者都有这样三个共同的特点：敢想，敢做，能做。敢想并不是指天马行空地乱想，而是要根据现实的情况，给自己定下一个明确的目标；敢做也不是指违法乱纪，不择手段，而是指一种坚持、执著的态度，不达目的不罢休的韧劲；而能做则是指只要愿意，就努力地前进。

提到私人包机，我们就不得不提一个人，他可谓是我国私人包机第一人。1991年春节前夕，他还是一个公司地方办事处的主任。当时他因为要赶回家过年，买不到火车票，就与几位同乡包了一辆大巴车回家。

回家是一条山路，这条路不好走，大巴车在1200多公里的漫长山路颠簸前行。这时，他就随口感叹了一句："哎，汽车真慢啊！"旁边的一位老乡听到后，挖苦他道："哦，飞机快，那你包飞机回家好了。"说者无心，听者有意，这样一句在别人眼里的讥讽话，对他而言却如同当头棒喝。这位爱思索的年轻人开始反问自己："现在土地可以承包了，汽车也可以承包了，为什么飞机就不能承包呢？"

身为打工仔的他决心大干一番。在满天的白眼中，这个年轻人义无反顾地踏上了"包机"的道路。他先是筹划了很长一段时间，然后又进行了长时间的走访、市场调查和跟有关部门的沟通。

首先，他说服了地方的民航局：他工作的地方到家乡的航班客源充足；至少有1万左右的家乡人在他工作的城市做生意，并且这些生意人把时间看做金钱。为了打消民航局的顾虑，他采用了"先付钱、后开飞"的合作模式，他的想法终于打动了民航局。

后来，他设计的航线包机终于通航了。伴随着一架"安24"型民航客机从他工作的城市起飞平稳降落于家乡机场，这个国家民航的历史被一个小小的打工仔改写了。随后，全世界各大媒体竞相报道，称此举是国家民航扩大开放迈出的可喜一步。

后来，他这样说："通航的那天是我生命中最重要的一天，我的人生道路因此改变了！如果说人生是个大舞台，那作为一名演员的我，面试合格，成功地上演了一出精彩的戏剧。"

在当时,这个人的想法还被人们看作是白日梦。不过,他并没有让自己的理想止于想象,而是积极地把它变成实际的行动。于是,他成功了。

其实,通往成功的路有千万条,而唯一的捷径就是行动。

也许你早已为自己的未来勾画了一个美好的蓝图,但是你却常常对自己说:从明天开始做吧。结果总是迟迟不能将计划付诸实施。

戴尔电脑公司老板迈克·戴尔的创业经历就充分证明了这一点。

小的时候,戴尔就抱定了这个理念。1973年,戴尔只有8岁,有一天,他看到了一则广告,说经过一种专门考试,就可以免除不必要的环节,直接拿到高中毕业文凭。小戴尔马上就拿起电话申请,希望能多快好省地直接进入大学。不料,这一步登天的好事最后成了戴尔身上的一个大笑话。但也就是这次经历深深影响了他的日后商业操作理念。

受父母的影响,戴尔从小就对生意场发生了兴趣。12岁那年,戴尔进行了人生的第一次生意冒险——他不是从拍卖会上买邮票,而是通过说服邻居把邮票委托给他,然后在专业刊物上刊登卖邮票的广告。这一次,他出乎意料地赚了2000美元。这让戴尔体会到如果有好的点子,绝对要采取行动。

中学时代,戴尔又对电脑发生了兴趣。于是,他又付诸行动：学习一切有关电脑的知识，利用卖报纸所赚到的钱来购买电脑零部件，将电脑组装后卖掉，用得来的钱接着再组装另一台……在这一期间，他又涌现了一个想法：只要自己的销售量再多一些，就能够跟那些店去竞争——由于没有中间商，自己组装的电脑不但有价格上的优势，还有品质和服务上的优势，即能够直接根据顾客的要求提供不同功能的电脑。

1983年，18岁的戴尔开着用卖报纸换来的白色宝马车去得克萨斯大学报到，车的后座载着三部个人电脑。此时，他已经认识到电脑将成为未来最重要的工具，自己正面临一个大好机会。于是，他在他的大学宿舍里彻底做起了电脑生意。但他的这一行动遭到了其他人的阻拦：有一天，他的室友将他的所有电脑配件堆在门口，要求他搬出去；又有一天，父母突然出现在他面前，严厉地问："你的课本呢？"戴尔赶忙把他的电脑配件藏在浴缸里，慌乱地回答父亲："哦，我放在楼下的图书馆里了。"

后来，戴尔另找了房间，继续他做的电脑生意。他在分类广告上刊登电脑升级的广告，并以低于市价15%的价格销售1BM电脑。那期间，"人们带着电脑来，我就给他们插上几条内存，加上一块硬盘，他们付我钱，我就送他们上路。"戴尔做得兴味盎然。虽然他郑重向他父亲保证要完成大学学业，但是他的电脑生意没有给他完成学业的机会。

1984年，19岁的戴尔带着电脑梦想退了学，创建了自己的公司——Dell电脑公司。戴尔满足地说，"真正投身做电脑生意需要很大决心。我自己得出一个结论:只要想好了,就应该去做。我父母亲很久以后才能理解这一点。"

在创业初期,戴尔就已经积累了不少知识、技能和财富。1986年,戴尔的年收入已达到6000万美元。1987年3月,年仅22岁的戴尔就被美国学院企业家协会评为1986年度的"青年企业家",戴尔由此在美国商界脱颖而出。如今,他的名气和他的戴尔电脑已风靡全球。

行动的力量是巨大的,有时候它可以把人们一贯认为的"不可能"变成可能。你常常会听到这样一句话:"心动不如行动。"说得一点都没有错。行动是成功的必经之路,假如你连行动的前提都没有,那就更谈不上成功了。不管是什么样的道路,都要有一个开始,行动就是赋予成功的那个开始。

不要认为别人都不去做的事情就是不可做的事情。别人连行动的机会都没有给予某一件事,我们又何以判定某一件事情不可为呢?所以行动是成功的实验室,是否成功都要去行动过后才能得出结果。这就好比一个科学专利一般,连实验都没有通过,那又怎么能得出该专利是不是实用的、可用的呢?所以,我们与其浸染在幻想里头,还不如在行动里面。只有一次次实际的行动,才能证明哪条路才是你要走的,也只有这样,成功才会属于你。

5.坚持去做，直到成功那一刻

很多年轻人在奋斗的时候都急于求成，想在很短的时间内就获得成功。但是事实上，任何人的成功都是一点一滴慢慢积累而成的，需要脚踏实地的努力和奋斗。

有一本名叫《异类》的书告诉我们：每个了不起的大师都是经过差不多一万个小时的练习才最终成功的。莫扎特大约练习了一万个小时才成为杰出的音乐家，比尔·盖茨大约练习了一万个小时编程才取得成功。所以，千万不要浮躁，没有一个人的成功是侥幸得来的。

有一位工人住在拖车房屋里，周薪只有60元。他的妻子上夜班，但他们赚到的钱也只能勉强糊口。他们的孩子耳朵发炎，却没钱治病。

这位工人希望成为作家，业余时间不停地写作，打字机的声音不绝于耳。他的余钱全部用来付邮费，寄原稿给出版商和经纪人。但是他的作品屡被退回。退稿信很简短，他甚至不敢确定出版商和经纪人究竟有没有真的看过他的作品。

一天，他读到一部小说，令他记起了自己的某本作品，于是他把作品的原稿寄给那部小说的出版商，他们把原稿交给了皮尔·汤姆森。

几个星期后，他收到汤姆森的一封热诚亲切的回信，说原稿的瑕疵太多。不过汤姆森相信他有成为作家的希望，并鼓励他再试试看。

在此后的18个月里，他又给编辑寄去两份原稿，但都被退回来了。迫于生活压力，他开始放弃希望。

一天夜里，他把原稿扔进垃圾桶。第二天，他妻子把它捡回来。"你不应该半途而废，"她告诉他，"特别是在你快要成功的时候。"

在他自己都不相信自己的时候，他的妻子选择相信他，因此他开始试写第四部小说。写完后，他把小说寄给汤姆森，他以为这次又会失败，可是他错了。

汤姆森的出版公司预付了2500美元给他，于是经典恐怖小说《嘉莉》诞生了。这本小说后来狂销500万册，并拍成电影，成为1976年最卖座的电影之一。

这个人就是史蒂芬·金。

"锲而不舍，金石可镂；锲而舍之，朽木不折。"这句名言告诉我们成功的关键在于要有恒心、目标专一、持之以恒，切忌半途而废！真正想成大事的人，一定要明白这个道理。

伏尔泰曾经说过："要在这个世界获得成功，就必须坚持到底。"任何人成功之前，都会遇到许多的失意，甚至是很多次的失败。如果你这时放弃了，你就放弃了成功的机会。自古以来，那些所谓的成功人士，并不比其他人更有运气，只是比其他人更有坚持到最后的勇气罢了。

提起"西单女孩"任月丽，相信很多人都不陌生，这个怀揣着梦想来到北京拼搏的女孩，打动了无数人。

2011年春节联欢晚会现场，当主持人宣布西单女孩任月丽上场时，全场响起了热烈的掌声。这一刻，不仅月丽及其家人激动地热泪盈眶，连全国人民也为之感动。大家心里都清楚，这一刻的到来是多么地不易。

2004年，16岁的任月丽为了梦想，带着300元钱从河北老家来到北京时，她经历了很长的一段艰难时期。梦想对于不能解决温饱问题的人来说，真的只能是梦想，或者是"等等再说"的海市蜃楼。

为了生计，任月丽出现在了地铁的甬道里。在地下通道里，春夏秋三季还算好，可一到冬天，阴冷的风像要钻进骨缝。尽管如此，她每天仍要坚持唱七八个小时。当时，与她一起追寻梦想的有几个年轻人，他们都钟爱自己的音乐，可面对黑漆漆的"前方"，很多人都选择了放弃，只有任月丽仍在坚持着。两年后的一天，月丽才将自己在北京的实情告诉了父亲，父亲认为给别人打工至少还能有温饱，不至于在街头苦成那样。但月丽一想到自己的梦想，心里就觉得任何困难都是可以克服的。

因为对梦想的这份执著，任月丽终于站在了春晚的舞台上，用一首《回家》打动了现场所有观众。

在人生的征程中会经历许多艰难困苦，但美好的梦想会支撑我们坚强地走下去。梦想不是功名利禄的敲门砖，而是人生忠诚而美好的旅伴。任月丽喜欢唱歌，并为她的音乐努力付出着。这就是她，一个执著的女孩，一个为梦想起飞而又脚踏实地行走的女孩。

当梦想成为信仰，那些曾经的或者正在经受的遗憾、挫折、失败都不会令人感到绝望，拥有的是对未来更多的期许。那矢志不移的梦想追求，怎么会经受不住一时的失意呢？王宝强现在已经成为一位专业的演员，取得了事业上的成功。在成名之前，王宝强的生命中只有一个信念——执着，为梦想执着。为此，他坚决地行走在跑龙套的队伍中。终于，他有了"傻根"这个角色，后来有了更多的角色，最后他成功了。王宝强的梦想就是他的信仰，他坚定不移地行进，用自己活生生的事例告诉我们：只要执着地追逐梦想，没有什么不可以。

杰弗里·波蒂洛小学六年级的时候，考试得了第一名，老师送给他一本世界地图。

波蒂洛好高兴，跑回家就开始翻看这本世界地图。很不幸，那天正好轮到他为家人烧洗澡水。波蒂洛就一边烧水，一边在灶边看地图，看到一张埃及地图，他想："埃及很好，埃及有金字塔，有埃及艳后，有尼罗河，有法老王，有很多神秘的东西，长大以后如果有机会我一定要去埃及。"

当波蒂洛正看得入神的时候，突然有一个人从浴室冲出来，胖胖的围一条浴巾，用很大的声音对他说："你在干什么？"

波蒂洛抬头一看，原来是爸爸，赶紧说："我在看地图。"

爸爸很生气，说："火都熄了，看什么地图？"

波蒂洛说："我在看埃及的地图。"

爸爸跑过来"啪、啪！"给他两个耳光，然后说："赶快生火！看什么埃及地图？"打完后，严厉地说："别做白日梦了，你这辈子不可能到那么遥远的地方！赶快生火。"

波蒂洛听了，呆愣地看着爸爸，心想："爸爸说的是真的吗？我这一生真的不可能去埃及吗？"

20年后，波蒂洛第一次出国就去埃及，他的朋友都问他："到埃及干什么？"

波蒂洛说："因为我的生命需要执著。"

他果然跑到埃及去旅行。

波蒂洛坐在金字塔前面的台阶上，买了张明信片写信给他爸爸。他写道："亲爱的爸爸：我现在在埃及的金字塔前面给你写信，记得小时候，你打我两个耳光，保证我不能到这么远的地方来，现在我就坐在这里给你写信……"

由此可见，梦想是成功的最初出发点，连梦想都没有了，那又谈什么成功。然而，是不是有了梦想就可以到达成功的彼岸呢？很显然不是。因为在梦想与成功之间，还需要有行动。梦想、行动、成功，这三个因素是连在一起的，行动是梦想变为成功的唯一途径。

6.生命就是一次行动的过程

生活中,我们常常可以听到人们这样或那样的抱怨和感叹:如果可以,我希望回到童年那无忧无虑的时光;如果可以,我一定好好学习所有的东西,打造一个完美的自己;如果可以,我一定珍惜曾拥有的一切,不致失去后才知道它的美好;如果可以,我一定会选择一个新的起跑点,开始一段新的人生;如果可以……

生命不会再来,人生没有如果。我们需要承认这样一个事实:人生根本没有如果,也没有假如,有的只是结果。我们都知道西楚霸王项羽,他似乎在一夕之间就面临四面楚歌、国破家亡、自刎乌江,命运好像和他开了个玩笑。假如他能够回到从前,那么在鸿门宴上肯定不会再对刘邦心软……可是,"花有重开日,人无再少年",这些都是不可能再重来的。

哥伦布在求学期间曾经读到过一本毕达哥拉斯的著作,在这本书中,毕达哥拉斯说:"地球是圆的。"哥伦布深深地记住了这句话。

经过很长时间的思考之后,哥伦布觉得地球如果是圆的,那么他通过向西航行也可以到达印度。很多有"常识"的哲学家和大学教授都嘲笑他的幼稚想法,他们告诉他:"地球不是圆的，是平的"。进而警告他说，如果他一直向西航行，他的船只将行驶到地球边缘而掉下去。

然而，哥伦布却对大学教授和哲学家们的警告不以为然，依然非常自信。可惜的是，他家境贫困，没有钱去实现自己这个冒险的想法。他不得不到其他人那里寻求经济支持，但他一连等了17年都没有人愿意帮助他。他决定不再等下去，于是起程去见西班牙王后伊莎贝拉，沿途穷得竟以乞讨为生。王后赞赏他的理想，并答应赐给他船只，让他去从事这项冒险的事业。但是，水手们都怕死，没人愿意跟随他去，于是哥伦布鼓起勇气跑到海滨，拉住了几位水手，先向他们哀求，接着是劝告，最后又用恫吓手段逼迫他们跟随自己出海。然后他又请求王后释放了狱中的死囚，允许他们在冒险成功后，可以恢复自由。

1492年8月，当把一切都准备妥当后，哥伦布率领3艘帆船，开始了一次划时代的航行。

不料出师不利，刚航行几天，他们的船队之中就有两艘漏了，接着船队又在几百平方公里的海藻中陷入了进退两难的险境。没有办法，哥伦布亲自下水拨开海藻，船队才得以继续航行。他们在浩瀚无垠的大西洋中航行了六七十天，也不见大陆的踪影，水手们都绝望了，他们要求返航，否则就要把哥伦布杀死。哥伦布兼用鼓励和高压的手段，才算说服了船员。在继续前进的过程中，哥伦布忽然看见有一群飞鸟向西南方向飞去，他立即命令船队改变航向，紧跟这群飞鸟。因为他知道海鸟总是飞向有食物和适于它们生活的地方，所以他预料到附近可能有陆地。几天之后,哥伦布果然发现了美洲新大陆。

如果哥伦布一直等待下去,很可能一生都不会出发。毅然上路的哥伦布最终成了英雄,从美洲带回了大量黄金珠宝,并得到了国王的奖赏,以新大陆的发现者名垂千古,这一切都是行动的结果。

每个人或许都有一个去远行的梦想,而"行动证明一切",任何想法和观点,无论有多么完美,若经不起实践的检验,都只是空谈。

《不带钱去旅行》的作者是麦克·英泰尔。在37岁那一年,他放弃收入颇丰的记者工作,做出了以搭便车的方式走遍美国的疯狂决定。他将身上的3美元捐给一个流浪汉之后,带上随身的衣服,便只身从加州出发了。

这一切都源于某个午后,他问了自己一个问题:"如果有人通知我,今天就要死了,我会不会后悔?"进而,他精神崩溃,并且哭了起来。终于,他肯定地给了自己答案:"会!"他发现,面对一直以来一帆风顺的日子,他的生活从来没有半点激情,这让他连一场小小的赌注都玩不起。

他检讨自己的过去,很诚实地为自己的恐惧开出一张清单:从小时候他就怕保姆、怕邮差、怕鸟、怕猫、怕蛇、怕蝙蝠、怕黑暗、怕城市、怕荒野、怕热闹又怕孤独、怕失败又怕成功、怕精神崩溃……他无所不怕,却似乎"英勇"地当了记者。

继续回想这30多年的时光，他又发现，他根本没有自信，因此，即使有机会做自己想做的事，也总是因为"害怕"两个字而一再退缩。他不断地回想、反省，懊恼地对自己说："什么都怕，活着能干什么？什么都听别人的，活着有什么意义？"当他强烈质疑着自己的存在价值时，他下定决心："我一定要突破这一切！"

于是他大胆做出了决定，开始旅行，终点是美国北卡罗莱纳州的恐怖角。他想要借此来征服生命中的一切恐惧！

一个对自己没有信心的人，要独自前往传说中的恐怖角，确实需要很大的决心。

亲友们并不鼓励他这样做，甚至冷嘲热讽地说道："你确定自己行吗？这一路你恐怕会遇到各种麻烦，你一定很快就会退缩。"

"不会的！我一定会走到最后！"他对亲友们坚定地说，其实他也是在向自己保证。

凭着信心和一份坚强的毅力，从来没有独立完成过一件事的麦克·英泰尔，真的成功了。

没有接受过任何金钱的馈赠，在雷雨交加中睡在潮湿的睡袋里；也曾有几个像公路分尸案杀手或抢匪的家伙使他心惊胆战；在游民之家靠打工换取住宿；还碰到过患有精神疾病的好心人。他依靠了82位陌生人，完成了4000多英里的路程，终于抵达了目的地。

一毛钱也没有花的英泰尔，在成功抵达目的地时，立即对着那些等待他的人们说:"我不是要证明金钱无用,这项挑战最重要的意义是,我终于克服了心理的恐惧!"麦克·英泰尔望着恐怖角的路标说:"其实恐怖角就犹如我内心的恐惧,没有什么值得害怕的。现在我才明白这个道理,才发觉过去的我对自己是多么没信心。也许我们会发现,努力了半天到达的目的地,只是一个'失误'。但只要那是我们自己愿意走的路,就不算白走。怕什么,去经历再说。我对自己说:'这总比叫我在路上搭便车容易吧!'"

麦克·英泰尔所要的不是目的,而是过程。虽然苦、虽然绝不会想要再来一次,但在回忆中这却是甜美的信心之旅。

"行动养成习惯,习惯形成品质,品质决定命运"。行动起来,不要等待。行动会增强自信,不行动只会产生恐惧。一个人在行动之前不可能解决所有的问题,成功者都是抱着必胜的目标开始行动,想方设法解决遇到的所有困难。一次行动胜过百遍胡思乱想,说一尺不如行一寸,行动比想法更重要。

生命就是一次行动的过程。在这个过程中,我们留下了许许多多的脚印,那些不管规则的还是不规则的脚印,都在默默验证着我们的行动姿态。你用什么样的姿态去做事情就会有什么样的收获,这就是行动的效果。在梦想的后方,我们努力追赶,一次次失败或者胜利,都是行动给予的。

第十章

将来的你，
一定会感谢现在不纠结的自己

> 善待自己，在困苦、艰辛的生活中多给自己一点鼓励、多给自己一点安慰、多给自己一些爱。有一句话说得好："再苦再累，也不要忘记爱自己。"人生也许会抛给我们无数艰辛与坎坷，如果我们自己还要为此为难自己，那么我们要如何去创造快乐的人生呢？

1.别和自己较劲，学会对自己说"没关系"

在生活中，"没关系"这句话似乎一直都是我们在对别人说，或者是听到别人在对我们说，这一句简单的"没关系"在很多情况下，体现的是一种包容的美德与礼让的气度。人们在日常生活中，习惯于对别人说"没关系"，习惯于忍让他人的过失与失礼，习惯于将包容与礼让尽可能地给予他人。但是，今天要讲的是，多对自己说一句"没关系"，因为这一句简单的"没关系"还包含了另外一层极为重要的含义：就是包容自己的失败与错误，在人生的失意中，多给自己一份鼓励，多给自己一个机会，去赢得最后的成功。

著名节目主持人杨澜在刚加入《正大综艺》节目组的时候，曾经为来自各方面的评论苦恼不已。

《正大综艺》播出后，收到了大量的观众来信。在此之前，杨澜虽然没听过什么极端的赞美，但也没有受过直截了当的批评。几封表扬信不会使她沾沾自喜，但是对于那些评头论足的批评信，杨澜有点受不了，她常常因为一封批评信而沮丧一天。

在那些信件中，有人说她笑得不够，有人说她笑得太多，有人要求她多一点幽默，也有人要求她别忘了东方女性的含蓄端庄……那时候的杨澜很希望自己满足每一个人的标准，她甚至开始怀疑自己是否有做一名优秀主持人的潜能。

正当杨澜陷入烦恼的漩涡中时，一次姜昆问她："你有没有勇气做你自己？"杨澜说："有时有，有时还缺点儿勇气。观众的批评总不能置若罔闻吧？"

姜昆又对杨澜说："你首先应该放弃想讨好所有人的想法。先做你自己，然后再考虑那些批评到底有没有价值。有些人眼中的缺点，恰恰就是你的特点。观众看过的从一个模子里铸出来的人太多了，你别迫不及待地再去加入那个行列了。"

"您有什么样的缺点是希望自己快点改正的？"后来，当有人这样问杨澜的时候，她都回答说："我觉得其实每个人都有优缺点，而且不要追求完美，我觉得有点缺点挺好。要想把缺点全部克服了，我觉得，第一，不可能；第二，没必要。一个人就像硬币的正反两面，有正面一定也有反面，如果反面改了正面也不称其为正面了，我不太想改正自己，我觉得这样挺好，有点缺点，可能有的时候容易情绪化，或者有的时候对团队要求太高了，或者自己有时候想偷点懒，我觉得都挺正常，我不想改变。"

在人生的道路上，永远不会一帆风顺，失败是我们想要避免却时常发生的，"如影随形"一般。有时候，很多人将自己的失败归纳为自己的错误，将别人的否认看成是自己的失败，这些人因而不肯"放过"自己，把自己陷入深度的自责和自怨中。可是自责与自怨能够解决什么问题呢？事实是，这是一种自我折磨与自我放弃的表现，是一种没有勇气面对的表现。以这样一种方式应对失败，显而易见，是不可能走出困境、获取真正的成功的。

2008年8月17日，在北京奥运会女子竞技体操决赛场上，我国女子竞技体操名将程菲两次失手。一次是她最拿手的跳马。众所周知，她的跳马技术，堪称当今女子跳马最高水平。2005年墨尔本世锦赛上，程菲一鸣惊人，就是凭借她的高水平发挥，不仅夺得中国首个女子跳马世界冠军，她的新动作还被国际体坛命名为"程菲跳"。而在2008年的奥运会上仅有一名选手会跳"程菲跳"，所以，我们都以为这块金牌非她莫属。比赛开始了，她的第一跳以完美的表现获得全场最高分16.075分，然而在第二跳"程菲跳"时，她却跪在了地上，这是她第一次在最拿手的动作上失误。

在接下来的第二个项目自由体操上，程菲又摔在了垫子上。她为了把自己的最高水平展现给奥运会，展现给全世界的观众，结果适得其反。如果她不是为了追求更完美，而是稳中求胜，何至于失败？

对自己说"没关系"，是一种积极的生活态度，更是一种成大事者的必备风范。在人生之中，真正的赢家，不仅要具有包容别人的"海纳百川"的精神，更要有一种善待自己"一笑而过"的心态。在错误与失败面前，我们笑着对自己说一声

"没关系，我可以从头再来"；在别人的否认与嘲笑面前，我们笑着对自己说一声"没关系，我可以继续努力，做得更好"；在挫折中跌倒之后，我们笑着对自己说："没关系，我可以爬起来继续前进。"

一只小蚂蚁看到屋顶上有一块蛋糕渣，便想享用这块美味。于是，它开始努力地向屋顶爬去。但是因为墙壁太光滑，它一次又一次跌落下来，一直没能爬到屋顶上去。这时，一只蜈蚣正好经过这里，就劝阻蚂蚁说："小蚂蚁，你是不可能爬到屋顶上去的，你不要白费力气了，快回家去吧。"小蚂蚁听后回答说："没事的，我一定会想办法爬上去的。"蜈蚣离开后，小蚂蚁对自己说："没关系，这面墙我爬不上去，我可以选择另外一条路上去。"于是小蚂蚁爬上了一棵大树，顺着伸到房檐的树枝爬到了屋顶上。这只小蚂蚁经过努力，终于吃到了这美味。

生活中，我们无论做什么事情，都可能遭遇挫折，有时甚至会遭遇不可突破的失败，如果我们能像小蚂蚁一样，在失败面前对自己说"没关系，希望还在"，那么，一定可以寻找到一条通向成功之路。

学会对自己说"没关系"，要抛开他人的眼光与评论，即便遭受他人的否认与嘲讽，也要坚持自我、相信自我；不断地进行自我完善，坚持自己的信念。

爱因斯坦的《三个小板凳》的故事大家都不陌生吧？在一次手工课上，同学们的作业都完成得相当出色，唯有爱因斯坦的作业是一只粗笨、丑陋的小板凳。当时，同学们哄堂大笑，老师也向他投来鄙夷的目光。而爱因斯坦这时又从书包里拿出了两个一模一样的小板凳，对老师说："老师，我一共做了3个小板凳，我交给您的这个是其中最好的一个了。"当时听到爱因斯坦的话，老师觉得有点诡异，同学们仍然还在嘲笑爱因斯坦的愚笨。而此时，爱因斯坦说："老师，没关系，我这次做的不能让您满意，我下一次一定会做得比这个更好。"

爱因斯坦这一句"没关系"看似是说给老师听的，但这一句简单的"没关系"在爱因斯坦的内心却是说给自己听的，他没有因别人的否认与嘲笑而自愧、气馁，反而以自信的心态肯定了自己。爱因斯坦的这种自我完善与自我肯定精神，对其以后的成功产生了重要影响。

学会对自己说"没关系"，就要学会善待自己，在生活的困苦、艰辛中多给自己一点鼓励、多给自己一点安慰、多给自己一些爱。有一句话说得好："再苦再累，也不要忘记爱自己。"人生也许给我们无数艰辛与坎坷，如果我们还要为此为难自己，那么，要如何去创造快乐的人生呢？

当命运在人生际遇中给予你失败、挫折、否认时，你一定要记住对自己说一句"没关系，我可以……"那么，你给自己赢得的将是无限的成功！

2.平庸并不可怕，可怕的是你在苟且地活

生活里有意义的事情有很多，而人的时间却十分有限，所以不要在那些注定会让自己后悔的事情上浪费时间。时光不会倒流，人生的道路也不允许你重走一遍，别让自己的生命在不断的悔恨中失去应有的光彩。

小林在第一年高考失利之后，选择了复读。为了排解心中的郁闷，他玩起了网络游戏，很快便陷入其中不可自拔。他沉迷于虚拟的世界中，每天做着奇幻的武侠梦，在那个世界里，没有失败，也没有痛苦，这种奇妙的快感着实让他心醉。

可他心里明白，玩游戏只是为了排解压抑的情绪，相对于准备第二年的高考来说，这就是浪费时间。然而，他无论如何也无法抵挡游戏的诱惑，每天如果不玩上几个小时，他的心里就会不舒服。他索性把学习的事放在一边，先要去玩个痛快。"反正离考试还有一年，我先玩一段时间再说。"他自我安慰道。

于是乎，他每天从早到晚都泡在网吧，晚上躺在床上，起初还会拿出教材来翻看几页，可到了后来，只要回到宿舍便倒头睡下了。有的时候爸妈打来电话询问他的学习情况，他就撒谎说自己正在教室学习。他的心里是有愧疚的，但游戏里的精彩很快便让他把这种愧疚抛在脑后了。

很快，半年时间过去了，成绩没提高多少，游戏却玩得越来越上瘾。这时，他自己也意识到了问题的严重性，只好强迫自己跟着同学到教室去。可他的脑海中，想到的都是游戏里的事情，哪里会有什么心思去看书。所以，在教室里坐了不到一个小时，他便有些不耐烦了。"今天游戏里更新了什么内容？帮会里的人会不会被欺负？晚上的超级副本会不会失败？我的工资任务到底完成没完成？"他的心里一直在为游戏而担心，"不行，我得上网去看看，反正也学了一个小时了，可以玩一会儿，放松一下。"

他这样想着，便向门外走去，可同学却拦住了他，"你怎么还去玩游戏？你知不知道还有不到半年的时间就要考试了？难道这次你还想名落孙山吗？"

"我就玩一会儿，我保证。上次失败是因为我运气不好，反正都是学过的东西了，考试前我再集中精力复习一下就好。"说着，他便走出了教室的门。

从那以后，他虽然每天也会去教室，可心思却完全没在学习上。就这样，又是三个月过去了，他依旧每天都要去网吧报到。

因为经常光顾，所以网吧的老板对小林也很熟识了。老板知道小林的情况，对他也有些担心。"小林，考试就要临近了，我看你暂时还是别来玩了，好好准备考试，等考好了再玩也不迟啊！"

"没关系，我知道玩游戏的确耽误时间，但是学习也要懂得劳逸结合啊。把今天的游戏任务做完我就回去学习，你放心吧。"

看到他如此坚决，老板也就没再说什么，可小林这一玩又是一整天。眼看离考试还有一个月，小林的父母终于知道了他整天玩游戏的事情，打电话过来痛斥他。小林知道，他不该让爸妈着急，自己的心里也有些悔恨，于是向父母保证一定把最后这段时间利用好，集中精力考出一个好的成绩。

话虽这样说，可一个月能干什么？

考试的结果就不用说了，看着同学们都考上了理想的大学，小林也的确感到了悔恨。其实，从他开始玩游戏的第一天，他就知道自己会后悔的，可是依旧在这条不归路上越走越远。

时间像是细如微尘的流沙，一点点地从人生的漏斗里慢慢溜走，一分钟也不停留，一分钟也不等待。

每一天都逝去如飞，虽不能抓住它，但可以在仅有的光阴中做出更多的努力。

谭盾是音乐界的大师级人物，可是他刚到美国时，却不得不到街头拉小提琴卖艺来赚钱。而在街头拉琴卖艺，其实跟摆地摊并没有什么两样，都必须争个好地盘才会有人听、才能赚钱；而地段差，生意就差了！

很幸运地，谭盾和一位黑人琴手，一起争到一个最能赚钱的好地盘——一家商业银行的门口,因为那里的人流量很大!

过了好一段时日,谭盾赚到了一些钱之后,就和黑人琴手道别了,因为他的目标不是在街头卖艺,而是在音乐学府里拜师学艺,和琴技高超的同学们互相切磋。后来,谭盾真的进入音乐学院,将全部时间和精力都投注在提升音乐素养和琴艺之中……

在大学里,虽然谭盾不像在街头拉琴一样能赚到很多钱,但他的眼光已经超越了金钱,转而投向那更远大的目标和未来。

十年后,谭盾有一次路过那家商业银行,发现昔日的黑人琴手,仍然在那"最赚钱的地盘"拉琴,而他的表情一如往昔,脸上露着得意、满足与陶醉。

当黑人琴手看见谭盾突然出现时,很高兴地停下拉琴的手,热情地说道:"兄弟啊!好久没见啦!你现在在哪里拉琴啊?"

谭盾说了一个很有名的音乐厅的名字,黑人琴手一听,反问道:"那家音乐厅的门前也是个好地盘、也能赚很多钱吗?"

"还好啦,生意还不错吧!"谭盾没有明说,只淡淡地说着。

那个黑人琴手哪里知道,十年后的谭盾,已经是一位国际知名的音乐家,他是经常应邀在那家著名的音乐厅登台献艺,而不是站在门口拉琴卖艺!

在谭盾的心里，自己应该有更大的舞台，所以他把自己送进了音乐厅；而在黑人琴师眼里，赚到更多的钱、占据最好赚钱的地盘就是自己的理想，所以他的舞台始终都是街头。其实，每一个人都有自己的生活方式，每一个人都有自己的选择，我们无法评判哪一种生活方式才是有意义的。我们想说的是，无论你想要哪种生活方式、哪种选择，在你的心里都应该有一个明确的愿景。你要给自己找准前进的方向，要知道你到底想要过上什么样的生活，你才有成功的可能。如果你不知道自己的航标在哪里，只知道游戏人生、无聊地打发时间，那么最后你就很有可能被生活所游戏、所打发，这实在是人生最大的悲哀啊！

3.不苛责，善待别人就是善待自己

有人曾说过，这个世界上最吝啬的就是那些不懂得微笑的人。但有人反驳，说生活如此之累，为了生计，为了事业，为了出人头地疲惫奔波，时时还有这样那样不顺心的事，日日过得如打仗一般，不哭已经是好的了，哪还有心思笑？

难道这就是我们在人世走一遭的真正目的吗？疲惫着、痛苦着、无奈着，生活就像未成熟的沙棘果，涩得人痛苦难当。

到底是什么抹杀了内心对生活的那一抹憧憬?又是什么剥夺了我们的快乐和幸福?其实,罪魁祸首就是我们计较的太多。

我们计较同样的付出,别人得到的回报比自己多;我们计较别人说话不考虑自己的感受;我们计较同样的东西,别人的就是比自己的好;我们计较命运总是把好机会给了别人;我们计较给了他人很多,却得不到同等回报……我们为一毛一分钱计较,为一句无心的话计较,为偶然的小挫折计较,为自己付出的到底能得到多少计较……就在这斤斤计较中,快乐越来越远,幸福越来越远,满足越来越远。

1898年冬天,威尔·罗吉士继承了一个牧场。

有一天,他养的一头牛,为了偷吃玉米而冲破附近一户农家的篱笆,最后被农夫杀死。依当地牧场的共同约定,农夫应该通知罗吉士并说明原因,但是农夫没这样做。

罗吉士知道这件事后,非常生气,于是带着佣人一起去找农夫论理。

此时,正值寒流来袭,他们走到一半,人与马车全都挂满了冰霜,两人也几乎要冻僵了。

好不容易抵达木屋,农夫却不在家,农夫的妻子热情地邀请他们进屋等待。罗吉士进屋取暖时,看见妇人十分消瘦憔悴,而且桌椅后还躲着五个瘦得像猴子的孩子。

不久,农夫回来了,妻子告诉他:"他们可是顶着狂风严寒而来的。"

罗吉士本想开口与农夫论理，忽然又打住了，只是伸出了手。

农夫完全不知道罗吉士的来意，便开心地与他握手、拥抱，并热情邀请他们共进晚餐。

这时，农夫满脸歉意地说："不好意思，委屈你们吃这些豆子，原本有牛肉可以吃的，但是忽然刮起了风，还没准备好。"

孩子们听见有牛肉可吃，高兴得眼睛都发亮了。

吃饭时，佣人一直等着罗吉士开口谈正事，以便处理杀牛的事，但是，罗吉士看起来似乎忘记了，只见他与这家人开心地有说有笑。

饭后，天气仍然相当差，农夫一定要两个人住下，等转天再回去，于是罗吉士与佣人在那里过了一晚。

第二天早上，他们吃了一顿丰富的早餐后，就告辞回去了。

在寒流中走了这么一趟，罗吉士对此行的目的却闭口不提，在回家的路上，佣人忍不住问他："我以为，你准备去为那头牛讨个公道呢！"

罗吉士微笑着说："是啊，我本来是抱着这个念头的，但是，后来我又盘算了一下，决定不再追究了。你知道吗？我并没有白白失去一头牛啊！因为，我得到了一点人情味。毕竟，牛在任何时候都可以获得，然而人情味，却并不是很容易得到。"

故事中的罗吉士,尽管失去了一头牛,却换得农夫一家人的笑容和款待以及难得遇见的人情味,这段经历,更让他懂得生命中哪些才是无价的。

是呀,凡事不要斤斤计较,留三分余地给别人,其实就是留三分余地给自己,生活不是单纯地取与舍,也不是单纯的得与失,很多时候,我们都太喜欢计较了。为了名,为了利,为了一时之气,白白让自己身心负累。其实,快乐生活的秘诀就是不计较。不斤斤计较,该是你的,还是你的;不是你的,依靠计较得到,最终也会失去。

为人处世不要用苛刻的标准去要求别人,不要过于计较那些小事。要尊重他人的自由权利,只有做一个肯理解、容纳他人的优点和缺点的人,才会受到他人的欢迎。而对人吹毛求疵,对任何事情都斤斤计较的人,不会有亲密的朋友,众人对他也只会敬而远之。

黄伟是个各方面素质都不差的年轻人,可在公司工作了多年,仍然是个小组长,而且和同事朋友的关系也不怎么融洽。他对此也感到很苦恼,但又找不到原因。

早上,刚刚起床的他坐在桌前吃着老婆给他做的早餐。

"你能不能每天换点花样?每天都是面包、鸡蛋和牛奶,吃得我都想吐了!"他跟老婆抱怨道。

"早餐能有什么花样呢?你说说看,明天帮你换。"老婆显得有点委屈。

"凭什么让我说？你不能动脑子想想啊，每天都吃一样的，谁受得了！"

他的不满终于招来了老婆的反击。他也没敢再说什么，把没吃完的面包扔在盘子里，气哄哄地摔门出去了。

"看我明天再给你弄早点！"他走后，老婆赌气地自语道。

走在上班的路上，他的气似乎还没有消，总是觉得自己的老婆好像没有担起作为"持家主管"应负的责任。刚刚到公司的门口，他就看到一个送快递的小伙子向他跑来。

"对不起，黄先生，您这次的包裹送得有些晚了，最近南方的天气不好，很多航班都过不来……"小伙子向黄伟解释原因并道歉。

"那我不管，天气的问题是你们的事情，作为顾客，我不能接受你们这样的解释。"黄伟终于找到了出气筒。

"对不起，对不起，其实您想想，以前我们每次都能按时把快件送到您的面前，这次真的是太意外了。我们服务可能有不周到的地方，希望您能够谅解。"小伙子的态度始终保持得很好。

"不行，凭什么不能按时送到，你们必须对此负责，不然我就投诉！"

小伙子觉得黄伟火气很大，就没再说什么，灰溜溜地离开了。虽然黄伟嘴上说投诉，可也只是为了让自己的心情痛快一点，谁会为这点小事给自己添麻烦呢？何况这次自己买的本来就是些不急着看的书。

可能是因为刚发了一顿脾气，心情稍微有些好转，可当他看到工位的地上那被浸湿的文件时，一股怒气再次冲上心头。

"这是谁干的？怎么把我的文件弄湿了！"他在办公室里吼道。

做卫生的大婶赶忙跑过来，连声道歉："对不起，对不起，可能是我刚才擦地没注意，看这事弄的，要不我帮您再打印一份？"

"你说打印就打印，你知道这文件重要不重要？公司为此受到损失你能负责吗？什么素质，擦地不注意地面上有没有东西啊，一会儿就去找你们领导。"他一边说，一边翻开文件，这是他的下属交给他的一份报告。刚看了几眼，他就把报告摔在了下属的办公桌上。

"难怪这东西会被弄脏，你写的这是什么玩意儿啊，咱公司的员工就写出这种东西，我都觉得丢人！"他毫不留情地指责着自己的下属，其实这个女孩也不过是刚进入公司不久。

听了他的训斥，女孩惭愧地低下了头，"对不起，黄组长，这其实也是我通宵赶出来的，我真的尽力了。"

"尽力就完了？撕了重写，不像话，不像话！"他发现周围的同事都在不满地望着自己，而此时那个女孩早已是泣不成声了。

第二天一早，他没有了早点吃，只好饿着肚子走出了家门。当他走进办公室的时候，看到办公室的地面一如既往地干净明亮，唯有他的办公桌附近的地面没有被擦拭过，纸篓里的垃圾也没有被倒掉。正在他为此感到愤怒的时候，他突然想到一份对自己很重要的合同一直没有收到，可据客户说已经寄出来好几天了，是快递没有送到还是被别的同事拿去了？于是他站起身大声喊道："谁看到客户寄来的那份合同了？"他发现其他的同事就像是没有听到他的问询，依然在忙着自己的事情。他很失落地坐在了椅子上，心里似乎也在反思着什么。

如果他能够对老婆的辛苦多一点理解，对她说一句"老婆，谢谢你"，也许他不仅还能享受那温馨的早餐，更能得到老婆加倍的关怀；如果他能够对做卫生的大婶的一时疏忽多一些谅解，也许他办公桌周围的环境依然可以整洁干净，他依然可以有着不错的心情开始一天的工作；如果他同样能够对送快递的小伙子和自己的下属多一些包容和体谅，也许合同丢失的谜题早就已经解开了。

但是，他却在用一种伤人的方式宣泄着自己心中的不满，肆无忌惮的斥责和埋怨换来的只能是自己生活中愈来愈多的窘境。

每个人都有自己的脾气，每个人都会对某些人或某件事心存不满，可是多一分宽容和理解，少一分计较和抱怨，才能让我们的生活变得顺心，才能让我们越多地体验到人与人之间的温情。俗话说："独木难成林。"一个人若想在社会立足，即使能力再强，也注定需要他人的帮助和配合。这就需要我们与人为善、宽以待人。即使遇到不顺心的事，也不妨多从对方的角度考虑一下问题，减少抱怨和争吵。因为只有这样，才能换来他人的关爱和支持。

所以,善待别人就是善待自己,对别人多一点宽容和理解,才能让自己的生活多一点舒服的空间。有人说,你对生活微笑,生活才会对你微笑。同样的道理,你对他人少一点不满和抱怨,你才能从他人那里得到更多的友好和温暖。

4.争论是世界上最大的空耗

为什么有一些人总是喜欢争论?因为他们要表现自己的优越,要表现自己比别人强,说白了这就是一种虚荣。一般来说,争论的目的是想给自己争面子,但是真能如此吗?不,争论是世界上最大的空耗,即使争赢了,也不能给自己挣来面子,有时甚至还会导致对方的怨恨。

你能确定你的观点和想法都是对的吗?如果不能,就不要自不量力与人争论不休。即便你确定自己是对的,也不要用争论去让别人接受你的观点,这并不能让别人口服心服,也不会给自己带来收获。

孔子说,己所不欲,勿施于人,所以当你的观点与别人的想法发生冲突的时候,还是先想一想争论是否有益于你的生活吧。

休斯欠女明星珍妮100万美元。12个月后，珍妮合理合法地说："我想要我合同上规定的钱。"休斯声明他现在没有现金，但有许多不动产。女明星的立场是不听辩解只要钱，休斯继续指明他现在现金周转不灵，要她等一等，而珍妮一直坚持合同的合法性，双方争论不休，人们都说这桩事要到法庭上一辩是非了。

可最后，事情怎么样了呢？珍妮坐下来仔细考虑了之后，对休斯说："我们是不同的人，有不同的奋斗目标，让我们看看我们能不能在互相信任的气氛下一起分享利益、感觉和需要。"他们正是这样做了，他们之间的纠纷得到了解决，最终满足了双方的需要：把合同改为每年付5万，分20年付清，合同金额不变，但时间变了。一方面，休斯解决了资金周转困难；另一方面，珍妮的所得税逐年分期缴纳，并有所降低。有了20年的年金收入，她就不必为每日的财务问题烦恼了。珍妮和休斯都是胜利者。

卡耐基曾经说："你赢不了争论。要是输了，当然你就输了；如果赢了，还是输了。"在争论中，并不产生胜者，所有不愿对敌的人在争论中都只能充当失败者，无论他（她）愿意与否。因为，十之八九，争论的结果都只会使双方比以前更相信自己绝对正确，或者，即使你感到自己的错误，却也决不会在对手面前俯首认输。在这里，心服与口服没法达到应有的统一，人的固执性，将双方越拉越远，到争论结束，双方的立场已不再是开始时的并列，一场毫无意义的争论造成了双方可怕的对立。因此，天底下只有一种能在争论中获胜的方式，就是避免争论。

与人做无谓的争辩不能给自己带来任何好处。因为即使你说的是正确的，也很难改变对方的思想，而且招人厌恶；当你保持沉默、避免和对方发生冲突时，对方反而能够冷静地倾听你的意见，进而达到良好沟通的目的。

所以，一定要记住避免与人做无谓的争论。因为这除了给你带来更多消极的影响外，不会有任何积极意义。

纪宁大学刚毕业时，有一次参加朋友的婚礼，席间有一位年轻人在说明新郎与新娘的关系时，用了"青梅竹马"这个成语。但他为了夸耀自己的博学，还念出了这首诗："郎骑竹马来，绕床弄青梅。"不过，这位年轻人却搞错了，他所念的这首诗是唐朝诗人李白所写的《长干行》，而他却误以为是宋代女词人李清照所写的诗，可能因为这首诗蕴含的感情深厚，害得他误会是出自女性之手。也怪纪宁当时年轻气盛，又认为中国文学是他的特长。他毫不客气地当着众人的面，纠正那人的错误；可是不说还好，这样一说，那人反倒更加坚持自己的意见了。

就在纪宁和他争论不休时，恰巧看见大学老师坐在隔桌，他的这位老师是专攻唐代文学的博士，现在任教的课程也都是和诗有关，于是他和那年轻人同意让老师当裁判。他们都把各自的论点说完，老师却只是静静地听着。然后在桌下用脚轻踢了纪宁一下，态度庄重地对纪宁说着："你错了，那位先生说的才对。"

回家的路上纪宁越想越不服气，他不相信老师这么有学问的人。竟会忘记这首诗。于是纪宁一到家就从书架上找出"唐诗三百首"，第二天他拿着书去学校找老师，要他还他一个公道。

在教授研究室里他遇上了老师，还没等他把书拿出来，老师就先说了："你昨天说的那首诗是李白的《长干行》，一点也没错。"这时纪宁更纳闷了，老师看了看他温和地说："你说的一切都对，但我们都是客人，何必在那种场合给人难堪？他并未征求你的意见，只是发表自己的看法，对错根本与你无关，你与他争辩有何益处呢？在社会上工作别忘记这点，永远不和人做无谓的争辩。"

是啊，跟别人的冲突对我们有害无益，能避免还是避免的好。争论是与一个人的修养有关，当一个人的自我修养处于很高的境界和水平的时候，他绝不会再用争论的方式解决问题。

在与别人争论的过程中，也许你的意见是正确的。但如果为改变一个人的看法，而与对方过分的争执，那么，你所做的努力只是无用功。

争吵是不能把事情弄清楚的，它只能靠接触、和解的愿望和理解对方的真诚心愿，只有这些，才是解决问题的最好办法。

在争论时，少说一句，做出一些让步，就能风平浪静。俗话说"退一步海阔天空"，主动退让息事宁人，以理智战胜冲动，很快就能把矛盾解决掉。当然，这种修养并不是天生的，而是后天修炼得来的。

5.乐于亏己，为你的生命积累一些厚度

做人是不能怕吃亏的，更不能损人不利己。做人的可贵之处，倒是乐于亏己，事实就是如此，自己主动吃点亏，往往能把棘手的事情做好，能把很难处理的问题顺利解决。

东汉时期，有个叫甄宇的人在朝为官，时任太学博士。此人为人忠厚，做人谦虚谨慎，人际关系非常不错。

有一年，临近除夕了，皇上开始发福利，赐给群臣每人一只外番进贡的活羊。但是到了具体分配的时候，负责分配的人犯愁了。因为外番进贡的活羊有大有小，有胖有瘦，实在是不好分，瘦小的羊给谁呢？

面对这个难题，大臣们纷纷献策：有人主张把羊通通杀掉，肥瘦搭配，大小搭配，这样就公平一些；有人主张凭运气抓阄分羊，运气好就抓到好的羊，运气不好就抓不到好的羊。

大家七嘴八舌起来，朝堂上就像炸开了锅一样，争论不休。

就在这时，甄宇说话了："分羊而已，有这么费劲吗？我看我们随便牵一只羊走就行。"说完，他率先牵了一只最瘦小的羊回家了。

大臣们一看，也纷纷去牵羊，因为不是分配的，是自己去牵，为了显示自己的谦虚，都争着抢着牵瘦小的，羊很快被牵完了，众人皆大欢喜。

此事传到皇帝耳中，甄宇得到了"瘦羊博士"的美誉，朝堂上下无不称赞。不久，甄宇在群臣推举下，又被提拔为太学博士院院长。

亏己者，能让人们觉得他有肚量而加以敬重。这样，亏己者的人际关系自然就比别人好。当他遇到困难时，别人也乐于向他伸出援助之手；当他干事业时，别人也肯给予支持，给予帮助。他的事业自然就容易获得成功。只要留心一下历史和身边的人，就不难发现，那些取得了巨大成就的人，尤其是那些有杰出成就的人，无一不是胸怀宽广又能亏己的人。相反，看看我们身边那些一生无所作为、无所建树的人，有哪一个不是心胸窄、爱计较、不肯亏己之辈？由此可见，亏己也是福。

其实，天上的月亮不可能永远盈，也不可能永远亏，天道尚如此，人间更难离这个规律。所以人们对盈亏，不要过于计较，因为很多时候，看似吃亏，实际上是一个得到补偿的过程。

佛罗里达州有一位农夫,买到了一块非常差的土地,那片地坏得使他既不能种水果,也不能养猪,那里能生长的只有白杨树及响尾蛇。但是他没有因此而沮丧,而是冥思苦想以图改变目前的这种状态,他要把那片地上所有的东西变作一种资产。

很快,他想到了一个好主意,他要利用那些响尾蛇,他的做法使每一个人都很吃惊,因为他开始做响尾蛇肉罐头。他的生意做得非常大。他养的响尾蛇体内所取出来的毒液,运送到各大药厂去做治蛇毒的血清;响尾蛇皮以很高的价钱卖出去做鞋子和皮包。

装着响尾蛇肉的罐头卖到全世界各地的顾客手里,有很多人买了印有那个地方照片的明信片,在当地的邮局把它寄了出去。每年来参观他的响尾蛇农场的游客差不多有两万人。为了纪念这位先生这个村子现在已改名为佛州响尾蛇村。

看了这则故事,谁能说这个农民是吃亏了呢?"福兮祸所倚,祸兮福所伏"。正是因为有了前面的"吃亏",才有了后面的受益。能吃亏的人不会用种种负面的假设去证明自己的正确。"社会太不公正","我总是吃亏","我处处不如意",他们很乐意承认自己的亏损,同时想办法改变这一亏损。吃亏不是一种消极、颓废,不是悲观、懦弱,相反,它是一种执著追求的精神,一种为人处事的风格,更是一个人安身立命的永久鞭策。这样的吃亏就是福啊。

"满者损之机,亏者盈之渐。损于己则益于彼,外得人情之平，内得我心之安。既平且安，福即在是矣。"这是郑板桥写给一个叫郑煊的远亲的勉词。

有一次郑煊做木材生意，货运到外地，货价狂跌，眼看就血本无归。这时，郑板桥便送给郑煊这幅勉词。果然应了郑板桥的话，没过几天，木材的价格突然涨起，郑煊意外地发了财。他认真思考着郑板桥给他的题词，从中体会出了人生哲理，并把它作为家训，刻在墙壁上以示后人。

也许你认为"吃亏是福"是一种"傻瓜"行为，只有精神不正常的人或者傻到极点的人才能认为"吃亏是福"。把"吃亏"当成"福"气对待，首先就要"损于己"，方能"益于彼"，然后"外得人情之平"。吃亏意味着舍弃与牺牲，一个一点都不懂得忍让的人，一个永远都咄咄逼人的人，时间长了，只会让人觉得了无情趣，而且在永远不想吃亏的斤斤计较中总是在恐惧中面临下一次的吃亏。过于计较，得失心太重，反而会舍本逐末。当失误摆在面前，而且很快的找到教训后，就应该迅速将这件事沉淀下来了，找到下一个出口。过多的计较会使自己陷入过往的沮丧情绪里，这种情绪会抑制我们的自信，甚至影响判断，如果这样正应了那句话，"在你错过太阳时，你选择沮丧，那么你又要错过星群了"。因此，承受吃亏也是一种自信的表现。这种做法需要一种勇气，也需要一种超脱，更是一种智慧。

有时，退一步，让自己在海阔天空中放松，无论是心情还是人情，在看似吃亏的过程中，已经得到了补偿。你得到的东西没有得到，你认为自己是"吃亏"。越是得不到的东西越想得到，你自诩为这才是一种"福"。其实未必得到的就是"福"？有时失去也是一种"福"。塞翁失马"亏"了什么？又"得"到了什么？

真聪明者愿意吃亏，因为吃亏虽然有舍弃与牺牲，但却会有长久的收益，因此，他们根本不会把时间浪费在眼前的方寸之间，而是高瞻远瞩，做一个长远的计划。

"塞翁失马，焉知非福"，当下的吃亏，未必就是坏事。更多的时候，损失蝇头小利会换得巨额大利。因此，吃亏是福，不要为了眼前的一己私利而落入"鼠目寸光"的俗套，在斤斤计较中错过了获取另外收益的机会。这是一种境界，更是一种智慧。

6.花开半夏，才高不是骄傲的理由

我们身边总是不缺自视清高的人，更不缺狂妄自大的人。他们自恃有才，就好为人师，目中无人，忘记了"山外有山，楼外有楼"的道理。有才华对一个人来说，是件好事，可是如果将此当成骄傲的资本，往往一事无成。

三国时期，祢衡很有文才，在社会上是非常有名气的，但是，他恃才傲物，从来都不把别人放在眼里。经常说除了孔融和杨修，"余子碌碌，莫足数也"。他容不得别人，别人自然也容不得他。所以，他"以傲杀身"，被黄祖杀了。

祢衡经过孔融的推荐，去见曹操。见礼之后，曹操并没有立即让祢衡坐下，祢衡仰天长叹："天地这么大，怎么就没有一个人！"曹操说："我手下有几十个人，都是当今的英雄，怎么能说没人呢？"

祢衡说："请讲。"曹操说："荀彧、荀修、郭嘉、程昱机深智远，就是汉高祖时候的萧何、陈平也比不了；张辽、许褚、李典、乐进勇猛无敌，就是古代猛将岑彭、马武也赶不上；还有从事吕虔、满宠，先锋于禁、徐晃；又有夏侯惇这样的奇才，曹子孝这样的人间福将。怎么能说没人呢？"

祢衡笑着说："您错了！这些人我都认识，荀彧可以让他去吊丧问疾，荀修可以让他去看守坟墓，程昱可以让他去关门闭户，郭嘉可以让他读词念赋，张辽可以让他击鼓鸣金，许褚可以让他牧羊放马，乐进可以让他朗读诏书，李典可以让他传送书信，吕虔可以让他磨刀铸剑，满宠可以让他喝酒吃糟，于禁可以让他背土垒墙，徐晃可以让他屠猪杀狗，夏侯惇称为完体将军'，曹子孝叫做'要钱太守'。其余的都是衣架、饭囊、酒桶、肉袋罢了！"

曹操听了很生气,说:"你有什么能耐?"祢衡说:"天文地理,无所不通,三教九流,无所不晓;上可以让皇帝成为尧、舜,下可以跟孔子、颜回媲美。怎能与凡夫俗子相提并论!"这时,张辽站在旁边,拔出剑要杀祢衡,曹操阻止了张辽,悄声对他说:"这人名气很大,远近闻名。要是把他杀了,天下人必定说我容不得人。他自以为很了不起,所以我要他任教吏,以便侮辱他。"一天,祢衡要去面见曹操,曹操特意告诉看门人:"只要祢衡到了,就立刻让他进来。"

祢衡衣衫不整,还拿了一根大手杖,坐在营门外,破口大骂,使曹操侮辱祢衡的目的没能达到。有人又对曹操说:"祢衡这小子实在太狂了,把他押起来吧!"曹操当然也很生气,但考虑后还是忍住了,说:"我要杀他还不容易?不过,他在外总算是有一点名气。我把他送给刘表,看看结果又会怎么样吧。"就这样,曹操没有动祢衡一根毫毛,让人把他送到刘表那儿去了。

到了荆州,刘表对祢衡不但很客气,而且"文章言议,非衡不定"。但是,祢衡骄傲之习不改,多次奚落、怠慢刘表。刘表又出于和曹操一样的动机,把他送给了江夏太守黄祖。

到了江夏,黄祖也能"礼贤下士",待祢衡很好。祢衡常常帮助黄祖起草文稿。有一次,黄祖曾经握住他的手说:"大名士,大手笔!你真能体察我的心意,把我心里想说的话全写出来啦!"但是,后来在一条船上,祢衡又当众辱骂黄祖,说黄祖"就像庙宇里的神灵,尽管受大家的祭祀,可是一点儿也不灵验"。黄祖下不了台，恼怒之下，把祢衡杀了。祢衡死时不到三十岁。曹操知道后说："迂腐的儒士摇唇鼓舌，自己招来杀身之祸。"

祢衡短短的一生，没有经过什么大事，我们很难断定他究竟才高几何。然而狂傲至此，即便有孔明之才，也必招杀身之祸。可见，自视清高会带来什么样的后果。

其实，一个人狂妄自大的程度并不取决于他有多少学问，而是取决于他的态度。也就是说，狂妄的人实际上也许并没有多少学问，往往是自吹自擂，夸夸其谈。他们所表现的高傲、不屑一顾等神态，实际上是一种心灵空虚的补充剂，以维持其虚荣心。

在一处风景优美、繁密茂盛的草原上，居住着许多动物，不但有狮子、狼、狐狸等食肉动物，还有蚊子、蜘蛛这样的小生命。

有一只蚊子，它每天都在想："在这个王国中，狮子应该是百兽之王了吧，没有比它更有力更强大的动物了。只要我能把它打败，那么我将会成为百兽之王。"

经过一番认真的准备，这只蚊子终于向狮王宣战了。它扇动着翅膀飞到狮子面前，对狮子说："狮子，我不怕你，你并不比我强大，不信，咱们较量较量。"

可惜蚊子的声音太弱小，狮子根本没听见，仍在那儿悠然地闭目养神。蚊子见了,气得火冒三丈,用尽吃奶的劲儿对狮子喊道:"你这只笨狮子,我们比试比试,看你有什么本事?是用爪子抓,还是用牙齿咬,我都比你强得多。"说着蚊子吹着喇叭鼓足了力气向狮子冲去。

狮子这下可慌了,觉得脸上奇痒无比,睁大了眼睛瞧,还是看不清蚊子进攻的方向。蚊子恶狠狠地向狮子的脸上咬去,它专咬狮子鼻子周围没有毛的地方。狮子左躲右闪,用力晃动着头,张开血盆大口猛扑向蚊子,只是蚊子小巧灵活,狮子的嘴巴总是咬空,气得它拼命挥动着爪子,一顿乱抓乱挠。尽管如此,狮子还是没有捉住蚊子。

蚊子高兴极了,向狮子威胁说:"快认输,不然我咬死你。"狮子从来没受过这个罪,它怒吼着扑向蚊子,不过很遗憾,又失败了,气得狮子乱叫。蚊子趁势又朝狮子发动了进攻,叮得狮子用爪子把自己的脸都抓破了。没办法,狮子落荒而逃。

"我赢了!"蚊子得意地吹着胜利的喇叭,唱着欢乐的凯歌飞走了。它一边走一边喊:"我战胜了狮子,我才是最了不起的,我要当森林之王。"蚊子得意忘形地飞着,完全忘了四周存在的危险。突然,它自己钻进了一个软软的东西中,身体被黏住了。它挣扎着,想要离开,但是越挣扎黏得越紧。这下蚊子清醒了,原来自己被蜘蛛网黏住了。

蜘蛛凶相毕露地向它爬来,蚊子完全被胜利冲昏了头脑,并没有意识到自己的险境,它大声地对蜘蛛说:"蜘蛛,我刚刚打败了狮子，你快放了我，我不屑和你打仗。"蜘蛛听了冷笑道："蚊子，你别白费力气了，不管你曾经打败过谁，现在都是我的俘虏，你将成为我的晚餐。"

蚊子最后叹息着说："我同最强大的动物都较量过，取得了辉煌的战果，没想到，却败在一只小小的蜘蛛手上。"

俄国心理学家巴甫洛夫曾说："不要让骄傲支配了你。由于骄傲，你会在该同意的时候固执起来；由于骄傲，你会拒绝有益的劝告和友好的帮助；而且，由于骄傲，你会失掉客观的标准。"

无论什么时候，都不要争强好胜，更不要狂妄自大。要知道，强中更有强中手。争强好胜、狂妄自大可能一时会得胜，但一定不会长久。这样的人，迟早会自食恶果。